Rによるやさしいテキストマイニング

小林雄一郎［著］
Yuichiro Kobayashi

はじめに

どうして本書が書かれたのか

近年，アンケートの自由回答データなどを定量的に分析するテキストマイニングの技法が大きな注目を集めています。Amazonで「テキストマイニング」という単語をタイトルに含む書籍を検索すると，本書執筆時点で30件以上ヒットします。その中には，研究者向けの専門書もあれば，ビジネスパーソンを対象とした事例紹介もあります。また，社会調査や医療・看護といった特定の分野での活用を想定した指南書，RやSPSSといったツールの入門書などもあります。さらに，テキストマイニングに関する解説ウェブサイトやブログ記事も数多く存在します。つまり，我々はいま，テキストマイニングに関する広範な知識に比較的容易にアクセスできる時代に生きているのです。

しかし，その一方で，「テキストマイニングを始めてみたいが，何から手をつけてよいかわからない」，「テキストマイニングの本はどれも難しい」などという声もしばしば聞こえてきます。これからテキストマイニングを始めてみようという人は，分析ツールの解説書で紹介されているような処理がなぜ必要なのか，あるいは，複数の手法の中で結局どれを選べばいいのか，といった疑問を抱くことがあります。また，実際の研究や業務のためのテキストデータをどのように集めればよいのか，がわからないという人もいます。そして，サンプルデータの分析ができるようになっても，本で学んだ技術が自分の研究や業務とどのようにつながるのか，というイメージが湧かない場合もあります。

そこで本書では，単なるツールのハウツー本にならないように，データの収集方法，言語学や言語処理の分析手法に関しても詳しく解説します。類書には，「とりあえず，テキストマイニングを体験してみよう」という趣旨のもと，すぐにツールの使い方を紹介するものが多くあります。それに対して，本書では，Part I「基礎編」でテキストデータの構築と分析に関する理論的な枠組みを学び，Part II「準備編」でデータ収集やデータ分析の基本をひととおり身につけた上で，Part III「実践編」のテキストマイニングに進みます。目次を見ていただければわかるように，全10章から構成される本書では，前半の5章が「基礎編」と「準備編」に割かれています。

どうして基礎が大切なのか

本書における基礎重視の姿勢は，既存の入門書を難しく感じた人々にもテキストマイニングを使いこなせるようになっていただきたい，という気持ちから出たものです。もしかすると，基礎を重視する本書の構成を回りくどいと感じる人もいるかもしれません。たとえるならば，サッカー部に入ったのになかなかボールに触らせてもらえない，板前になりたいのになかなか包丁を握らせてもらえない，というような心境でしょうか。しかし，基礎体力のない選手を試合に出しても，いたずらに怪我させるだけですし，料理の基本を身につけていない弟子に調理場を任せたら，調理場はおろか，お客様に大きな迷惑をかける可能性があります。体力でも知識でも，基礎は非常に重要です。スポーツでも仕事でも，本番でうまくいくかどうかは，それまでにどのような準備をしてきたかによって大きく左右されます。ときには，練習がつらくなることもあるかもしれません。

でも，諦めずに続けていれば，あなたの実力は確実に向上します。筆者は，読者の皆さんのために，できるだけわかりやすい説明をするように努め，皆様が楽しんで読めるように全力を尽くします。

本書の想定読者は誰か

本書で想定されている読者は，テキストマイニングに興味を持つ人文・社会科学系の大学生，商品企画やカスタマーサポートに関わるビジネスパーソンなどです。本書は，「テキストマイニングを学ぶと，どんなことができるようになるのか」，「テキストマイニングに必要な知識とは，一体何だろうか」，「高価なツールを使わずに，テキストマイニングをするにはどうしたらいいのか」といった疑問に答えます。

これまで筆者は，複数の大学において，人文・社会科学系の受講生を対象とするテキストマイニングの授業を担当してきました。また，研究者向け，あるいはビジネスパーソン向けのセミナーで，テキストマイニングに関する講義をした経験もあります。それらの授業やセミナーの参加者の大半は，言語学や統計学の知識を持たない人々です。本書には，筆者がこれまでに接してきた初心者たちに評判のよかった説明や実例が多く盛り込まれています。

ちなみに，筆者は，過去にもテキストマイニングの入門書を書いたことがあります。『R で学ぶ日本語テキストマイニング』（石田基広と共著，ひつじ書房，2013 年）という本です。この本と本書の違いについて，簡単に触れておきます。まず，本書では，テキストマイニングの理論的な背景，テキストデータの作成方法，データ分析の基本などについて，より詳しく解説されています。また，本書は，読者を言語研究者や文学研究者に限定せず，より多くの人々に向けて書かれています。さらに，日本語だけでなく，英語などの外国語のテキストマイニングに関する記述も含まれています。

本書を読むと何ができるようになるのか

本書を読むと，データの構築から分析まで，テキストマイニングに関する基本的な知識と技術をひととおり身につけることができます。また，単にツールの操作方法を知るだけでなく，どのようなときにどのような分析方法を用いるべきか，という判断がある程度できるようになります。本書では，テキストマイニングを行うにあたって，筆者が非常に重要であると思う技術のみを厳選して紹介します。本書は入門書，それも従来の入門書よりもやさしい内容を扱った本ですので，ディープラーニングなどの最先端のデータ解析手法や，ビッグデータと呼ばれる規模のテキストの分析方法は扱いません。それらについては，別の文献を読む必要があります。しかし，本書では，より高度な書籍や論文を読み解くための足がかりを提供します。具体的には，より発展的な話題や技術に関して，コラムや脚注などで，次に読むべき文献を紹介します。また，必要に応じて，読者が自分でインターネット検索をするための検索キーワードの例を示します。筆者は，読者が単に本書に書かれた知識を得るだけでなく，たとえ書かれていないことであっても独力で調べられるようになるための手助けをしたいと考えています。

本書で使うツールは何か

本書では，主に，R というデータ解析のソフトウェアを使用します。R は，フリーウェアですので，誰でも自由にダウンロードして使うことができます。また，テキストマイニングだけでなく，様々なデータ解析機能を備えています。R よりも使いやすい商用のテキスト分析ツールも存在しますが，お金のない学生や予算の限られた会社にとって，フリーウェアは非常にありがたいものです。そして，R の使い方を１つずつ学んでいくことで，実際のデータ処理の過程をより深く理解することができます。

本書をどのように読むべきか

本書は，テキストマイニングで必要不可欠な知識を少しずつ積み重ねていく構成となっています。したがって，読者には，第1章から順番に章を読み進めていくことが期待されています。ただし，コンピュータやデータ分析に関する知識や技術をある程度持っている人は，「基礎編」（第1章，第2章）を読んだあと，「準備編」（第3章～第5章）をとばして，「実践編」（第6章～）へ進んでも構いません。そして，非常に基本的なことだけを丁寧に勉強したいという方は，第1章から順番に読んでいき，第7章「発展的なテキスト分析」，第9章「発展的な統計処理」，第10章「英語テキストの分析」をスキップしてください。また，いくつかの章や節の終わりにある「もう一歩先へ」という部分を後回しにしても結構です。

本書のサンプルデータやコードなどは，以下のURLで公開されています。Windows版とMac版がありますので，自分が使用するOSに合わせたデータセットをダウンロードしてください。

https://sites.google.com/site/yasatekir/

本書には，いわゆる「文系」の読者にとって，あまり馴染みのない内容が含まれているかもしれません。しかし現在，テキストマイニングは，社会学や政治学のような社会科学，文学や歴史学のような人文科学でも盛んに活用されています。データ解析の技術は，もはや「理系」だけのものではありません（筆者も，大学時代は文学部でアイルランド文学の研究をしていました）。本書が読者の研究や業務にテキストマイニングを導入するきっかけとなりましたら，筆者にとって望外の喜びであります。

2017年1月

小林　雄一郎

目　次

Column

Part Ⅰ
基礎編

第1章
テキストマイニング入門

1.1　テキストマイニングとは

情報化時代といわれる現代において，大量のデータから情報や知識を効率よく取り出すための**データマイニング**（data mining）技術が大きな関心を集めています。特に，2010年代に入ってからは，ビッグデータ（big data）やデータサイエンス（data science）という用語が頻繁に使われるようになり，専門書や研究論文のみならず，一般書やビジネス雑誌で見かけることも多くなってきました。このような流れの中で，**テキストマイニング**（text mining）という言語データの解析技術も大きな注目を集めるようになりました。

テキストマイニングとは，テキスト（text）と呼ばれる言語データを対象とするデータマイニングの理論および技術の総称です※1。テキストマイニングは，大量の言語データを解析し，データの背後に潜む有益な情報を探し出すことを主な目的としています。具体的には，テキストにおけるキーワードの抽出，特定のキーワードと一緒に使われる語句の特定，使用語彙の類似度に基づくテキストデータの自動分類，などに活用されることが多いです。

ところで，テキストマイニングという用語は，具体的にいつ頃から使われるようになったのでしょうか。この問いに答えるために，Google Ngram Viewer※2 というサービスを利用してみましょう。このサービスを使うと，西暦1500年から2008年までに出版された膨大な書籍データを用いて，特定の語句がいつ頃から使われ始めたのか，いつ頃からあまり使われなくなったのか，などの傾向を把握することができます。**図1.1**は，Google Ngram Viewerを使って，“text

※1　ちなみに，マイニング（mining）という語は，mine（鉱石などを採掘する）という動詞を名詞にしたものです。

※2　https://books.google.com/ngrams

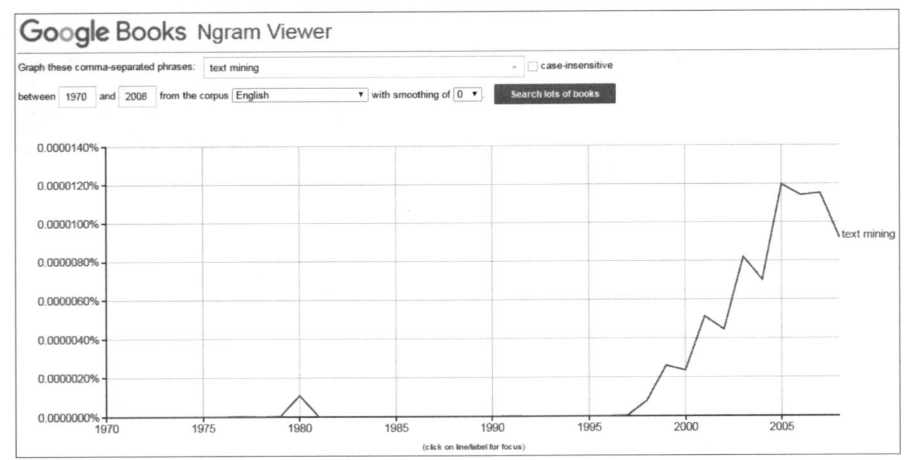

図 1.1　Google Ngram Viewer における "text mining" の検索結果

mining" という語句の使用頻度の変遷を可視化した結果です。この図を見ると，テキストマイニングが 1990 年代末から急速に注目されるようになってきたことがよくわかります。2000 年と 2005 年を見比べると，この 5 年間で "text mining" の使用頻度が約 6 倍になっています。

Google Ngram Viewer と同様に，ビッグデータに基づく言語解析サービスとして，Google トレンド※3 があります。こちらは，書籍データにおける使用頻度ではなく，特定のキーワードが Google で何回検索されたか，を可視化するサービスです。**図 1.2** は，検索実行時（2016 年 8 月 17 日）までの 5 年間に，"text mining" という語句が何回検索されたか，が図示されています。この図を目で見る限り，検索回数は，小刻みな増減を繰り返しながらも，若干の増加傾向を示しているようです。また，**図 1.3** を見ると，"text mining" がインドで最も多く検索されていて，インドネシアやドイツがそれに続いていることが示されています。さらに，Google トレンドを使うと，"text mining" の「関連トピック」がディープラーニングやビッグデータであることもわかります。ここで紹介した 2 つのサービスは，誰でも簡単に無料で使うことができますので，自分の関心のあるキーワードをぜひ検索してみてください※4。

※ 3　https://www.google.co.jp/trends/
※ 4　Google Ngram Viewer を用いた言語解析に関しては，Aiden and Michel（2013）に様々な例が紹介されています。

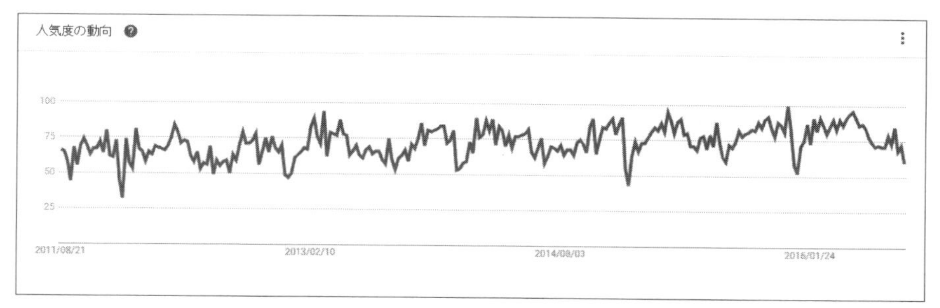

図 1.2 Google トレンドにおける “text mining” の検索結果（人気度の動向）

図 1.3 Google トレンドにおける “text mining” の検索結果（地域別のインタレスト）

ここまで，Google Ngram Viewer と Google トレンドを使って，“text mining” という語句の使用傾向を調べてきました。すでにお気づきの方も多いと思いますが，これこそがテキストマイニングなのです。大規模なデータ（コンピュータで分析可能な形式の文章や検索履歴）を活用することで，特定の語句（text mining）の使用傾向（年代や地域による頻度の違い，関連するトピックの特定）に関して，数値という客観的な結果に基づき，誰もが簡単に理解できるグラフ形式で提示することに成功しました。もしあなたがマーケティングやカスタマーサポートに関わるビジネスパーソンであるなら，自社やライバル企業の商品名を検索することで，特定の商品に対する世間の注目度について知ることができます。また，あなたが言語の変化に関心を持つ研究者であれば，特定の表現が使われ始めた時期，流行のピーク，その表現がすたれて使われなくなった時期などについて，即座に知識を得ることが可能です。

我々の日常には，言葉が満ち溢れています。1 人の人間が 1 日に話す言葉，聞く言葉，読む言葉，書く言葉の総量は一体どれくらいになるでしょうか。個人差もあるでしょうし，正確な数を把握するのは難しいかもしれませんが，恐らくは膨大な語数となるでしょう。そして，インターネットや電子機器が高度に発達した現在，我々は，100年前の人々よりも圧倒的に多い語数の言葉に晒されています。たとえば，筆者自身，朝起きると同時にスマートフォンを手に取り，メールとTwitterとFacebookをチェックします。そして，シャワーを軽く浴びたら，引き続きスマートフォンの画面をちらちらと見ながら出勤します。職場では，授業で話したり，会議で他の人の発言を聞いたり，研究論文を読んだり，書籍の原稿を書いたりしています。もちろん，その合間には，オンラインでニュースをチェックしたり，他愛のないことをツイートしたりします。さらに，自宅でリラックスするときに聞く音楽にも，歌詞という言葉が乗せられています。このように書き出してみると，自分でも驚くほどに，言葉の海の中で暮らしています。

ただ，一口に「言葉」といっても，多種多様です。まず，日本語や英語といった言語の違いがあります。次に，書き言葉と話し言葉の違いがあります。また，書き言葉の中には，小説の言葉，新聞の言葉，ブログの言葉といったジャンルの違いも存在します（同様に，話し言葉の中にも，様々なジャンルがあります）。さらに，男性と女性という性別の違い，大人と子供という年齢の違い，北海道と沖縄のような地域の違い，ホワイトカラーとブルーカラーのような社会階層の違い，職場と家庭といった使用場面の違いなど，枚挙に暇がありません。

しかし，これだけバラエティに富んだ言葉が身近に存在するのですから，アイデア次第で様々な言語分析が可能になります。何のために（**分析目的**），どのような言語データ（**分析データ**）を，どのように分析するか（**分析手法**），というしっかりした計画さえあれば，テキストマイニングの可能性は無限に広がっています。ただ，そうはいっても，「しっかりした計画」を立てるのは，簡単なことではないかもしれません。そこで，まずは，テキストマイニングの技術が実際の社会でどのように活用されているかを概観してみましょう。

1.2 社会で活用されるテキストマイニング

最も新しいテキストマイニングの活用例の1つとして，インターネット上にある膨大な言語データの解析を挙げることができるでしょう。特に，Twitter や Facebook といったソーシャルネットワーキングサービス（SNS）のデータを分析し，社会の流行やインターネット上の言論を把握する試みが多く見られます。このような SNS データの解析は，**ソーシャルデータマイニング**と呼ばれています(Russell, 2013)。**図 1.4** は，2014 年にブラジルで開催された FIFA ワールドカップにおける日本対コートジボワールの試合中のツイート数の推移を朝日新聞が集計した結果です※5。

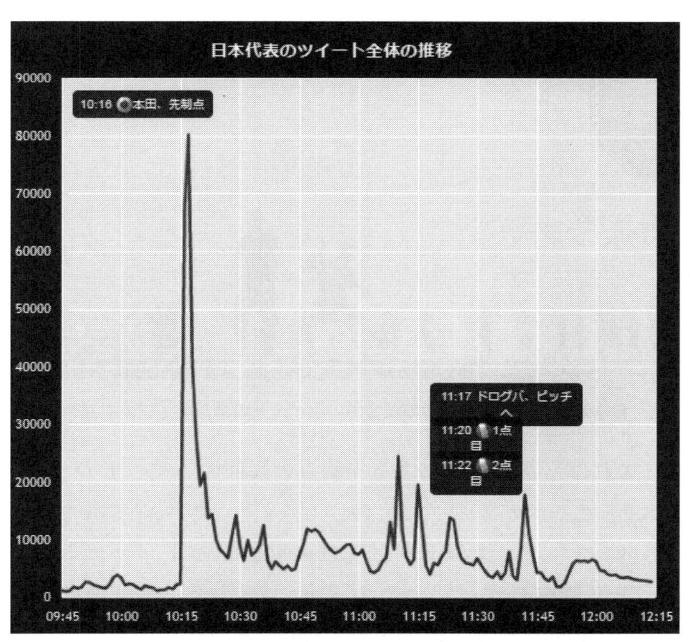

図 1.4　日本対コートジボワールの試合中のツイート数の推移

※5　http://www.asahi.com/worldcup/2014/special/chart/

この図を見ると，10 時 16 分に日本代表の本田圭佑選手が先制点を挙げた瞬間に極めて多い数のツイートがあったことがわかります。そして，この朝日新聞の調査で興味深いのは，単にツイートの数を数えただけではなく，個々のツイートがポジティブなものであったのか，それともネガティブなものであったのか，を定量的に示している点です（**図 1.5**）。

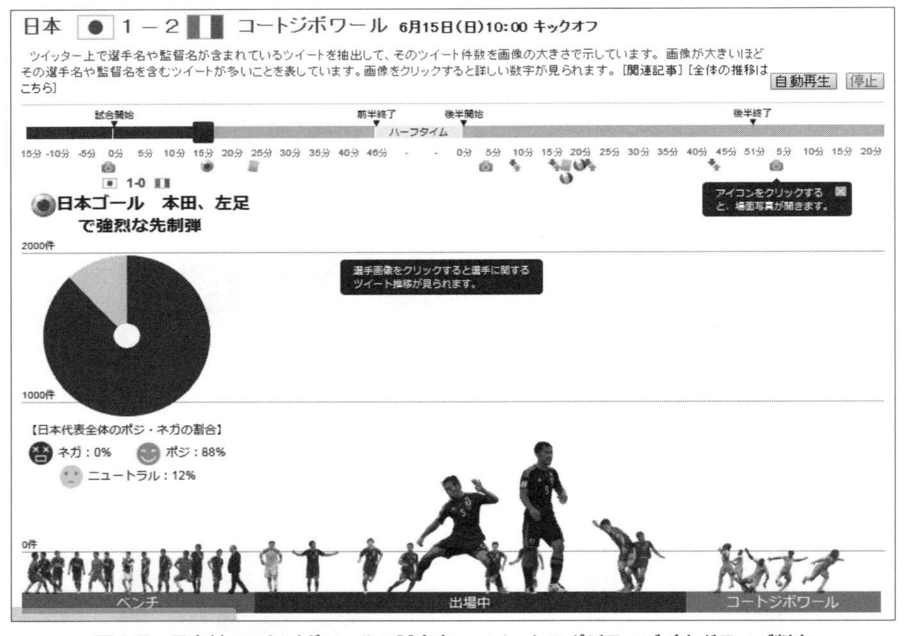

図 1.5　日本対コートジボワールの試合中のツイートのポジティブ／ネガティブ判定

この調査によれば，本田選手による先制点の瞬間のツイートのうち，ポジティブなものが 88% で，ネガティブなものが 0%，そのどちらでもないニュートラルなものが 12% でした。このように文章内容のポジティブ／ネガティブを自動判定することを**評判分析**（sentiment analysis），もしくは**意見分析**（opinion analysis）といいます（大塚・乾・奥村，2007）。評判分析は，現時点では判定精度にやや改善の余地があるものの，芸能人の好感度調査から選挙結果の予測まで，幅広い分野で注目されているアプローチです。

テキストマイニングは，ビジネスの分野でも広く活用されています。たとえば，コールセンターに寄せられた問い合わせやアンケートに含まれる顧客の声を分析することで，新たなニーズやリスクを発見し，顧客の満足度を向上させることができます。それと同時に，前述のソーシャルデータマイニングと併用することで，ブログや口コミ掲示板の分析を行うことも可能です。具体的には，住宅メーカーの宣伝活動・営業活動におけるポジティブな口コミ情報の利用，自動車メーカーのコールセンターに寄せられた不具合情報の分析，家電メーカーによる商品トレンドの分析，生命保険会社・損害保険会社によるアフターケアの満足度調査，食品・飲料メーカーによる広告・プロモーションの効果検証，小売業における接客担当者の改善事項の特定などがあります（三室・鈴村・神田，2007）。

また近年，医学や看護学の分野におけるテキストマイニングの活用が盛んになりつつあります。多くの患者にとって，自分をいま苦しめている病気について正確に伝えることは簡単ではありません。実際，「昨日食べたお刺身から腸炎ビブリオ菌に感染した恐れがあり，今日の午前8時頃から激しい腹痛や嘔吐に悩まされていて，すでに7回トイレに駆け込みました」などと医者に伝える患者は少なく，「先生，今朝からギリギリとお腹が痛いし，朝からなんだかとても気持ち悪いんです」のように言う場合が多いのではないでしょうか。ここで注目していただきたいのは，「お腹が痛い」は「腹部にあるどこかの部位が痛い」ということであり，「ギリギリ」のような擬音語・擬態語は個人によって意味している状態が異なるかもしれない，という点です。無論，十分な知識と経験を持った医者であれば，目の前の患者の症状を正確に見抜き，適切な治療をするでしょう。しかし，医者も人間ですので，常に完璧な判断だけを下せるとは限りません。したがって，カルテや問診における会話をデータベース化し，「お腹が痛い」のような比喩表現や「ギリギリ」などの擬音語・擬態語が具体的にどのような症状と結びついているのか，という知識を集約することは非常に有意義なことです（服部，2010）。

そして，教育分野でも，テキストマイニングの活用が模索されています。現在，教育環境におけるコンピュータの整備，データ解析技術の発達，グローバル化による外国語学習者の増加，などの流れの中で，言語テストにおける文章の自動評価に関する研究が進められています（小林，近刊）。すでにアメリカでは，TOEFL iBT（Test of English as a Foreign Language Internet-Based Test）のような英語検定試験，GMAT（Graduate Management Admission Test）やMCAT（Medical College Admission Test）などの大学院進学試験に英作文の自動採点システムが導入されています。また，韓国では，KICE（Korea Institute for Curriculum and Evaluation）という国立機関が韓国人学習者の英語力を自動評価するための研究に従事しており，日本でも 2020 年以降の大学入試における自動評価システムの導入が検討されています。

これ以外にも，文学，言語学，歴史学，社会学，経済学，政治学をはじめ，様々な分野でテキストマイニングは活用されています（石田・金，2012）。最後に，その中で少しユニークな応用事例として，犯罪捜査におけるテキストマイニングについて触れたいと思います※6。

犯罪捜査で言語分析を用いた先駆的な例として，1974 年にアメリカで起きたパトリシア・ハースト（Patricia Hearst）誘拐事件を挙げることができます。当初，パトリシアは誘拐事件の被害者だと思われていました。しかし，ある日，誘拐犯である左翼過激派テロ組織と「一緒に戦う道を選んだ」という彼女の肉声のテープが放送局に届けられ，その数日後，サンフランシスコ郊外の銀行を襲撃するという事件を起こしました。逮捕後に争点となったのは，肉声のテープと，その後に公表されたテロ組織のメンバーとパトリシア自身によって語られた声明文の作成に彼女自身が関与していたかどうか，という点です。つまり，彼女の犯罪行為が自発的なものなのか，テロ組織によって強制されたものなのか，が大きな問題となったのです。これに対して，パトリシアの弁護士は，テープの肉声の原文や彼女自身の文章などを統計的に分析し，99% 以上の確率でパトリシアがテープの原文の作成者ではないと主張しました。結局，裁判官は言語分析の有効性を認めず，パトリシアは有罪判決を受けました。しかし，この事件が犯罪捜査にテキストマイニングの応用を試みた画期的な例であることに間違いありません。

そして，テキストマイニングが実際の事件解決に寄与した事例として，2001 年に東京都台東区で起きたひき逃げ事件があります。はじめはよくあるひき逃げ事件だと思われていましたが，捜査を進めていく過程で，警察は犯行現場の状況に違和感を覚えました。そのようなとき，とある運送会社の車が被害者をひくのを目撃したという手紙と，「犯人は私です。（中略）この手紙が警察に届くころには，私は東京をはるか遠く離れた，誰にも発見できない場所で，自分自身を『ひき逃げ殺人犯の犯人』として，自分自身を処罰します。」（村上，2004, pp. 117-119, 原文ママ）という手紙が立て続けに届きました。さらなる捜査の結果，被害者には多額の保険金がかけられており，被害者の兄が執拗に保険金の支払いを請求し

※6　ここで紹介する 2 つの犯罪捜査の詳細については，村上（2004）を参照してください。

ていたことが判明します。そこで，警察は，この兄が犯人である可能性に注目し，前述の2通の手紙や兄の文章などを統計的に比較しました。そして，兄が事件の犯人であり，2通の手紙の執筆者でもあると結論付けました。その後，この分析結果を告げられた兄が犯行を認め，事件は無事解決しました。

これらの2つの事例は，テキストマイニングが学術研究やビジネスとはまったく異なる点からも社会に大きな貢献ができることを示している点で，重要なものであるといえます。

以上のように，テキストマイニングの技術は，社会のいたるところで活用されています。前述のように，「テキストマイニング」という用語は20世紀後半から使われるようになったものですが，言語データを定量的に分析するという手法自体はそれ以前から存在し，数多くの研究事例が報告されています。そこで，次節では，19世紀からの長い歴史を持つ**計量文献学**（stylometry）について簡単に見てみましょう。

1.3 テキストマイニングの歴史

テキストマイニングの祖先ともいえる計量文献学の起源は，19 世紀イギリスの数学者オーガスタス・ド・モルガン（Augustus de Morgan）による『新約聖書』の研究にまでさかのぼるといわれています（村上，2004）。彼は，1851 年に友人に宛てた手紙の中で，『新約聖書』の「パウロの書簡」の著者を推定するにあたって，1 単語あたりの平均文字数に基づく分析手法を提案しました※7。同様に，アメリカの物理学者トマス・メンデンホール（Thomas Corwin Mendenhall）は，**ワードスペクトル**（word spectrum）という概念を提唱し，書き手によって好んで用いる単語の長さが異なることを示しました（金，2009a）。

また，20 世紀前半には，アメリカの言語学者ジョージ・キングズリー・ジップ（George Kingsley Zipf）が**ジップの法則**（Zipf's law）を発見しました。これは，単語の出現順位と出現頻度の間に関連があることを示した法則です。**図 1.6** は，ルイス・キャロル（Lewis Carroll）の『不思議の国のアリス』（*Alice's adventures in wonderland*）における全ての単語の出現順位（横軸）と出現頻度（縦軸）を散布図にしたものです。この図を見ると，最も多く出現していた単語の頻度が極めて高く（ちなみに，冠詞の“the”で 1639 回），それに続く少数の単語の頻度がやや高く，ほとんどの単語は 1 回しか出てこないことがわかります。そして，出現頻度と出現順位のそれぞれの対数を取ってから，散布図にしたものが**図 1.7** です。

※7　1 単語あたりの平均文字数とは，分析対象の文章に現れる全ての単語に関して，何文字から構成されているかを計算し，その平均を取ったものです。

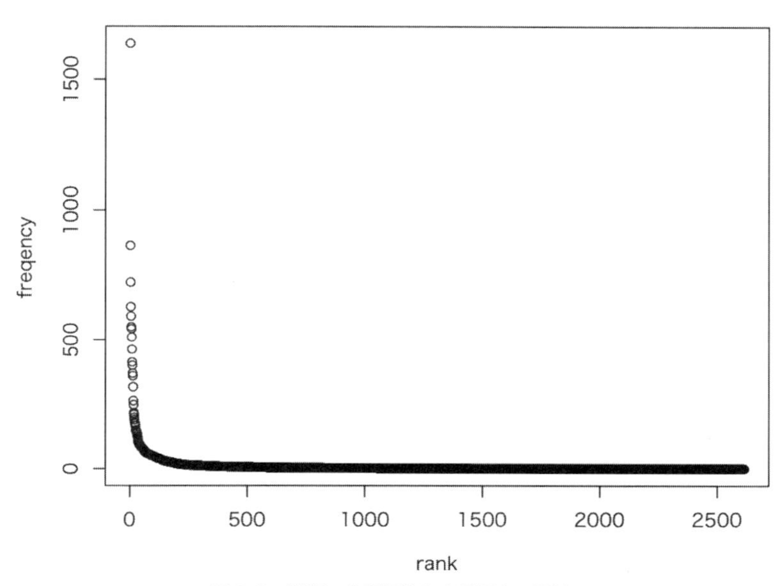

図 1.6　単語の出現順位と出現頻度の関係

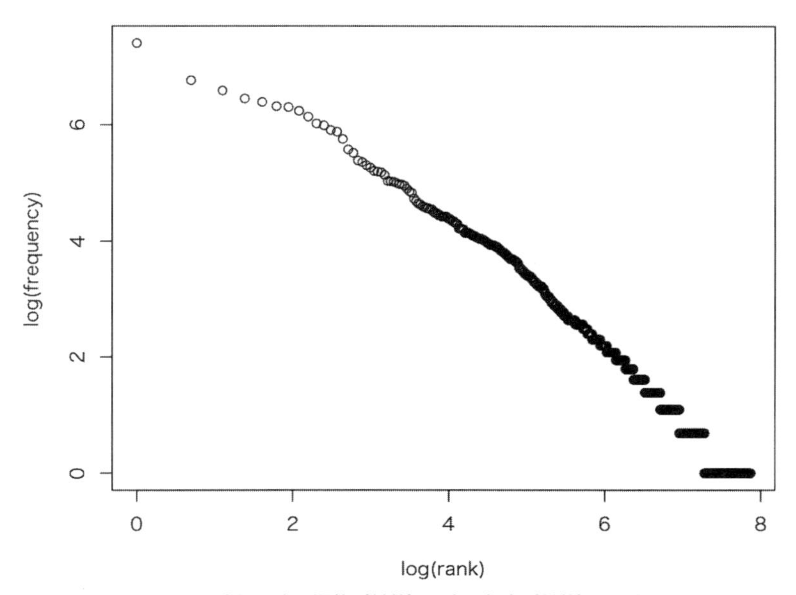

図 1.7　単語の出現順位（対数）と出現頻度（対数）の関係

こちらの図を見てみると，図中の点（個々の単語）が大まかに左上から右下に向かって並んでいることがわかるでしょう。つまり，テキストにおける単語の出現順位と出現頻度を用いて，その一方から他方をある程度予測することが可能になるのです。この法則は，世界中の様々な言語における語彙頻度で実証されているだけでなく，ウェブページのアクセス数，都市の人口，音楽における音符の使用頻度，細胞内での遺伝子の発現量，地震の規模，固体が割れたときの破片の大きさなど，多様な自然現象・社会現象にも見られることが明らかにされています[※8]。

我が国でも，計量文献学の手法を用いて，紫式部以外の著作である可能性が指摘されてきた『源氏物語』の「宇治十帖」の著者推定や，直筆の資料ではなく写本という形でしか現存しない日蓮遺文の真贋鑑定などが盛んに研究されてきました（村上，1994）。また，言語資料の定量的研究を目的とする計量国語学会は，この分野では世界的にも早い1956年に結成されています。

そして，計量文献学には，計量言語学（quantitative linguistics），計算言語学（computational linguistics），数理言語学（mathematical linguistics），コーパス言語学（corpus linguistics）などの関連領域が存在します（伊藤，2002）。これらの学問領域は，いずれもコンピュータや数理的な手法を用いた言語解析を目的としています。テキストマイニングの理論的な背景について専門的に学びたいという方は，これらに関する本を図書館などで読んでみるとよいでしょう。しかし，そんなにたくさん読めないという方も安心してください。次章で，テキストマイニングの理論的な枠組みをわかりやすく説明します。

※8 https://ja.wikipedia.org/wiki/ジップの法則

第2章
テキストマイニングの理論的枠組み

2.1 テキストデータの構築

いうまでもなく，テキストマイニングを行うためには，分析対象となるテキストデータが必要となります。そして，そのテキストデータの質が分析結果に大きく影響します。テキストに限らず，何らかのデータを分析する場合，華やかなデータ解析手法や高度なプログラミング技術に注意を向けがちですが，きちんとしたデータを集めることこそが最も大切なことです。実際，コンピュータの世界では，“garbage in, garbage out”（ゴミを入れればゴミが出てくる＝ダメなデータからはダメな結果しか得られない）という言葉がよく知られています。

データの収集にあたっては，分析対象とするデータの設計をする必要があります。まずは，分析対象の**母集団**（population）を想定します。たとえば，あなたが村上春樹の文体について明らかにしたいのであれば，母集団は，彼の全著作ということになります。また，特定の商品に関するインターネット上の評判に関心があるのならば，母集団は，その商品について書かれた全てのブログやツイート，掲示板の書き込みなどです。そして，現代日本語についての学術的研究を行いたいという場合は，現代日本における全ての日本語を母集団とします。これらの例から推測できるように，母集団が具体的で小規模なものであるほど，データの設計と収集は容易になります。

逆に，「現代日本における全ての日本語」のように抽象的で大規模な母集団を想定する場合は，「現代」とは一体いつからいつまでなのか，「日本における」日本語には日本に住む外国人が書いた（もしくは話した）ものも含まれるのか，「全ての日本語」には出版物として刊行されたものだけではなく日常会話なども含むのか，などなど，非常に多くの点について明確に定義する必要が生じます。さらに問題となるのは，定義した母集団に含まれるデータを全て入手できるとは限らない，ということです（たとえば，2016年1月1日に東京都内で発話された全ての日常会話や独り言を収集するのは，事実上不可能でしょう）。そこで，実際のデータ解析では，「現代書籍全て」ではなく「出版目録に記載されている2000年以降の書籍全て」，あるいは，「商品Xに関する口コミ全て」ではなく「2016年1月1日から12月31日における『商品X』という文字列を含むツイート全て」のように，より現実的な母集団を定義することも多いです。そして，学術的には，以上のように具体的な設計基準に基づいて収集されたテキストデータの総体を**コーパス**（corpus）と呼びます※1。また，作成したコーパスが母集団の特性をよく反映している場合，そのコーパスは**代表性**（representativeness）を持っている，と表現されます。実務では，主に時間的・金銭的な制約から，すでに手許にあるデータのみを用いた分析を行うこともあるでしょう。しかしながら，原則として，データは分析の目的に合わせて作るものである，ということを忘れてはいけません。

データの母集団を決定したら，次は，データの収集を行います。もし想定した母集団が具体的かつ小規模なものであるならば，可能な限り，全てのデータを入手しましょう。しかし，母集団が大きなものである場合，その全てを集めることは難しく，一部を**抽出**（sampling）することになります。一般的に，母集団全てを調査対象とすることを**全数調査**（complete survey）といい，母集団の一部のみを調査対象とすることを**標本調査**（sample survey）といいます※2。標本調査では，まず母集団の特性をできるだけ再現できるような形で抽出を行い，そうしてできた標本を分析することで，本来その調査で明らかにしたい母集団の特性を推定します（盛山，2004）。**図2.1**は，このような母集団と標本の関係を可視化したものです。

最もシンプルな抽出方法としては，**単純無作為抽出法**（simple random sampling）があります。これは，サイコロや乱数を使って，母集団からランダムに標本を抜き出す方法です。たとえば，1行に1つのテキストが記載されている形式のリストから100種類のテキストを選ぶには，ExcelのRANDBETWEEN関数などで乱数を100個発生させて，得られた数値に対応する行にあるテキスト

※1　明確な設計基準を持たないテキストデータを「コーパス」と呼ぶこともありますが，厳密にいえば，そのようなデータは「テキストアーカイブ」（text archive）と呼ばれるべきです。また，明確な設計基準を持つデータを「狭義のコーパス」，それを持たないテキストデータを「広義のコーパス」とする場合もあります（言語処理学会，2009）。
※2　全数調査のことを悉皆調査ということもあります。

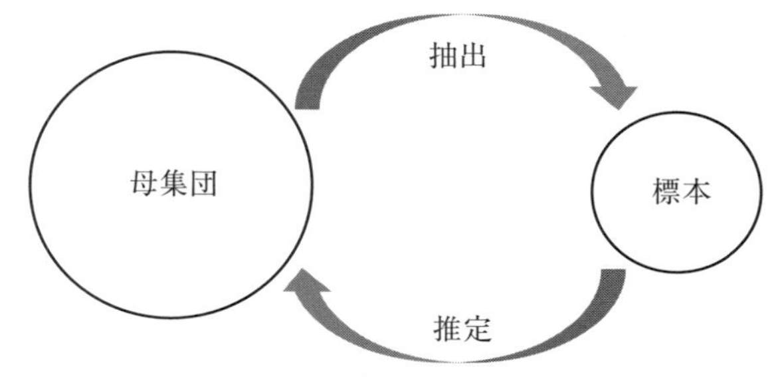

図 2.1　母集団と標本の関係

を抜き出す，などの方法をとります※3。また，より発展的な抽出方法として，**層化無作為抽出法**（stratified random sampling）があります。これは，あらかじめ母集団をいくつかのサブグループに分割し，個々のサブグループごとに無作為抽出を行う方法です。イメージとしては，ある歌手がこれまでに発表した全てのオリジナルアルバム（母集団）から抽出を行うにあたって，個々のアルバム（サブグループ）から無作為に2曲ずつ抽出する，といった手順となります。この際，必ずしも全てのアルバムから同じ数を抽出しなければならないわけではありません。10曲入りのアルバムからは2曲，15曲入りのアルバムからは3曲，といったように，サブグループの大きさに比例した数を抽出するという方法もあります。これを**比例配分法**（proportional allocation）といいます（**図 2.2**）。層化無作為抽出法を用いる場合，何をサブグループとみなすか，個々のサブグループから抽出する数をいくつにするか，などによって，最終的な分析結果が変わる可能性があります。しかし，自分の分析計画に応じて，適切なサブグループの定義をすれば，単純無作為抽出よりも信頼性の高い分析結果が得られるでしょう。他にも様々な抽出方法がありますが，大規模なテキストデータを扱うコーパス言語学の研究などでは，層化無作為抽出法がよく用いられています。

さらに，抽出にあたっては，どれくらいの標本を母集団から抽出するか，というデータサイズの問題についても考えなければなりません。データの規模に関する明確な基準は存在しないものの，一般的には，大きければ大きいほどよいといわれています。たとえば，アンケートの自由回答データが大量にあれば，稀ではあるものの決して見逃してはならない苦情，あるいはニッチな顧客のニーズなど

※3　Excel の RANDBETWEEN 関数については，Microsoft Office のヘルプ，もしくはインターネットなどを参照してください。なお，乱数の生成は，他にも様々な方法で行うことが可能です。

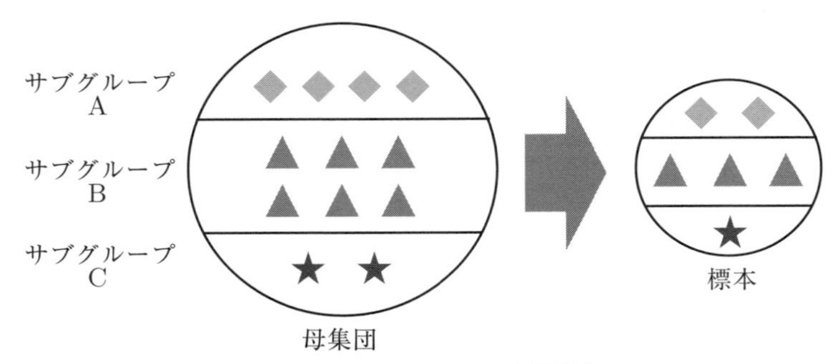

図 2.2　層化抽出における比例配分法

をすくい上げることができます。そして，統計学では，標本から得られた値から母集団における値を推定する際の精度は，標本の大きさの平方根に比例することが知られています（石川，2012）。ただ，その一方で，大規模なデータを構築するには，多大な労力や費用がかかることも事実です。やはり現実的には，「できるだけ」多くのデータを収集するように努力することになるでしょう。

最近は，インターネット上に膨大なデータが存在し，それらを自動的に収集するためのツールも開発されています。そのようなデータを使えば，1 日で数百万語，数千万語のデータを集めることもできます。しかし，素性の知れないデータばかりをたくさん集めても仕方ありません。データの質を犠牲にしてまで，データの量にこだわるのは避けるべきです（もちろん，明確な目的と知識を持ってウェブデータを収集している場合は，事情が異なります）。安易にビッグデータブームに踊らされることなく，分析の目的に合った，信頼性の高いデータを作ってください。

Column … テキストデータ収集と著作権

データ収集を行う際は，著作権に配慮する必要があります。書籍として刊行された出版物はもとより，インターネット上のブログ記事などにも著作権が存在します。テキストデータを収集する場合，収集の対象となる各文書の著作権者と協議し，法的な許諾を得るようにしましょう。

現在，アメリカや韓国などでは，**フェアユース**（fair use）という考え方から，個人による非営利の研究目的の場合，著作物の複写利用が可能であるとされています。また，我が国では，改正著作権法 47 条の 7 にあるように，コンピュータによる情報解析のための複製が認められる場合があります（田中・安東・冨浦，2012）。しかしながら，著作権に関する法的な判断は，ケースバイケースで下されることも多く，非常に難しい問題です。少しでも不安を感じた場合は，専門家に相談するのが安全です。

2.2 テキストデータの分析

テキストデータを収集できたら，次は，データ分析です。**図 2.3** は，テキストマイニングにおけるデータ分析のイメージを図示したものです。ここで注意すべきことは，よいデータ分析には，よい分析計画と，よいデータ設計が不可欠だ，ということです。そして，テキストの分析には，**自然言語処理**（natural language processing）とデータマイニングの技術が主に用いられます。以下，これらの技術について，1つずつ見ていきましょう。

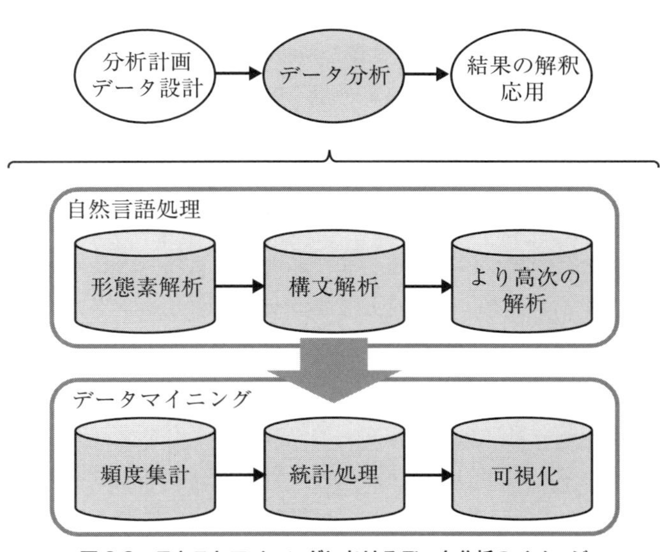

図 2.3　テキストマイニングにおけるデータ分析のイメージ

まずは，自然言語処理の技術から説明します。**形態素解析**（morphological analysis）とは，コンピュータを用いた単語の同定に関する解析で，具体的には，単語分割，単語に対する品詞情報の付与，単語の原形の復元，という3つの処理を含みます（奥村，2010）※4。これらの手順を簡単にいうと，「私は猫を飼っていました」という文を「私／は／猫／を／飼っ／て／い／まし／た」のように1語ずつ分割し，「私」が代名詞で「は」が「助詞」であるといった品詞情報を付与し，「ま

※4　「形態素」という用語は「意味を持つ最小の言語単位」であると定義されることが多いですが，本書では，おおむね「単語」と同じ意味の語であるとします。

し」の基本形は「ます」であるといった基本形の同定を行います（形態素解析については，6.1 節で詳しく扱います）。

また，**構文解析**（syntactic analysis）とは，文における単語の係り受け関係（修飾・被修飾関係）を明らかにする処理です。たとえば，「私は黒い猫が好きです」という文から，「私は→好きです」や「黒い→猫」のような係り受けに関する情報を抽出します（構文解析については，第 7 章末尾のコラムで説明します）。しかし，「美しい猫の図鑑」のように，「美しい」が「猫」と「図鑑」のどちらを修飾しているのか（その部分だけからでは）わからない場合もあります。そして，形態素解析や構文解析のあと，分析の目的によっては，単語の意味や文章の一貫性に関する，より高次の解析を行うこともあります（1.2 節で言及した評判分析もこれに含まれます）[※5]。ただし，複雑な解析は自動化が難しく，解析精度もそれほど高くありません。たとえば，「うちの息子は親の金で贅沢な暮らしをしている」という文の「贅沢な」がネガティブな意味合いを持っているのに対して，「松阪牛の贅沢な味わい」における「贅沢な」はポジティブな意味合いを持っています[※6]。機械で言語を自動処理するにあたっては，このような問題が多く生じるため，構文や意味の解析を行わず，形態素解析までにとどめる場合も多いです。

次に，データマイニングの説明をします。データマイニングは，大量のデータから有用な知識を取り出すための一連のプロセスのことです（元田・津本・山口・沼尾，2006）。テキストマイニングの場合は，分析データから単語などの頻度を集計し，何らかの統計処理を行います。そして，様々なグラフを用いて，頻度集計や統計処理の結果を視覚的に示すことも多いです。頻度集計については第 6 ～ 7 章，統計処理については第 8 ～ 9 章，可視化については第 5 章で，それぞれ詳しく解説します。

自然言語処理とデータマイニングによるデータ分析が終わったら，その分析から得られた数値がどのような意味を持っているのか，について深く考察します。最近の便利なツールを使えば，複雑な統計処理を一瞬で行うことができます。しかし，「データ A よりもデータ B の方が形容詞の頻度が高かった」，「書き手 C よりも書き手 D の方が 1 文あたりの平均単語数が多かった」といった結果は，

※ 5　自然言語処理における構文解析や意味解析については，黒橋・柴田（2016）などで詳しく説明されています。
※ 6　評判分析の難しさについては，那須川（2006）などを参照してください。

分析者の研究や業務にとって，具体的にどのような意味があるのでしょうか。それについて，分析ツールはほとんど何も教えてはくれません。統計処理結果というヒントを与えてくれますが，実際の問題を解くのは分析者自身です。そして，結果の解釈には，単なるコンピュータやデータ処理の知識だけではなく，研究対象やビジネスに関する深い理解が必要となります。たとえ同じ結果であったとしても，少し見方を変えると，まったく別の解釈が導き出されることもあります。1人で全ての分析と解釈を行うのが難しい場合は，複数の分野の専門家から構成されるチームを結成し，共同して作業を行うのもよいでしょう。

ここで，テキストマイニングで分析対象とする言語項目について，簡単に確認します。テキストマイニングでは，データに含まれる全ての単語を分析対象とする場合もあれば，一部の単語のみを対象とすることもあります。一般的に，前者は，全ての単語を網羅的に調べていく過程で何か有用な情報を発見しようとする**仮説発見型**（hypothesis finding）のアプローチであり，後者は，より明確な分析目的について検討する**仮説検証型**（hypothesis testing）のアプローチであるといわれています。ただ，いずれのアプローチを選ぶにせよ，程度の差はあれ，言語そのものに関する知識が求められます。**表 2.1** と**表 2.2** は，日本語のテキストマイニングで扱われることの多い言語項目（の一部）をまとめたものです。もちろん，これ以外の品詞などが言語項目として扱われることもあります。

表 2.1　テキストマイニングで分析対象とされることの多い言語項目（品詞）

言語項目	主な役割・特徴	内容との関連
名詞	主語・目的語などとなり，人や物，空間・時間・数量など広く表す。「名詞＋だ」で述語にもなる。	◎
動詞	事物の動きや状態などを表し，主に，述語となる。	◎
形容詞	人や物，ことがらなどの性質・状態を表す。名詞を修飾したり，述語となったりする。	○
副詞	状態や程度などを表し，主に動詞や形容詞を修飾する。	○
接続詞	語句や文をつなぎ，前と後ろの内容の関係を表す。	○
代名詞	主として名詞の代わりに用いられ，人や物，場所などを指し示す。指示詞（コソアド）と人称代名詞に二分される。	○
助詞	意味を持たず，ある単語のあとに付いて，他の単語との関係を表したり，主体の心的な態度に関わる意味を表したりする。「〜を」，「〜に」，「〜ね」など。	△
助動詞	主として動詞と結びつき，打ち消し・過去・推量・伝聞・受身・使役・丁寧などを表す。	△

表 2.2　テキストマイニングで分析対象とされることの多い言語項目（品詞以外）

言語項目	主な役割・特徴	内容との関連
読点	書き手による文体の違いを反映する。	△
文字種	ひらがな，カタカナ，漢字などからなり，一般的に漢字が多いほど難しい文章とされる。	△
語種	和語，漢語，外来語などからなり，一般的に漢語が多いほど難しい文章とされる。	△
文の長さ	文構造の複雑さと関連するため，文が長いほど難しい文章であるとされる。	△

どのような言語項目を選ぶかは，分析の目的によります。たとえば，どのような商品がインターネット上で話題になっているか，特定の時期や地域における新聞で大きく取り上げられている事件は何か，といった文章の内容を分析したい場合は，具体的な物や人を表す名詞を調べます。また，口コミ分析のように，「何が」言及されているか，だけでなく，「どのように」言及されているか，を知りたい場合は，物や人を修飾する形容詞を見ていきます。一方，特定の書き手やジャンルの文体に注目するときは，文章の内容に影響されにくい読点や助詞などを分析対象とします（これらの言語項目に関しては，文学作品の文体分析や，脅迫状の書き手の推定における有効性が確認されています）※7。そして，外国人向けの日本語教材を作成する場合のように，文章の難しさが重要となる場合は，漢字の割合や文の長さといった指標を使うことがあります。

テキストマイニングは，言語データから有用な情報を掘り出すための技術です。いい換えれば，単に言葉の表層的なパターンを記述するだけでなく，言葉の背後に潜むものを明らかにすることが目的となります。ここで，手前味噌ながら，1つの分析事例を紹介したいと思います。それは，『機動戦士ガンダム』※8というアニメの台本における呼びかけ（固有名詞）を解析することで，登場人物のつながりを可視化した分析です。具体的には，アムロという登場人物の「了解，セイラさん。しかし，シャア，これが最後だ。」という発話から，「アムロ→セイラ」という呼びかけと「アムロ→シャア」という呼びかけを抽出し，このような呼び

※7　日本語では，読点を打つ位置に関する明確なルールが存在しません。たとえば，「今日僕は学校に行った」という文において，「今日」のあとに読点を打つか，「僕は」のあとに読点を打つか，「学校に」のあとに読点を打つか，などは書き手の好みに委ねられています。しかも，書き手が無意識に読点を打つ場合も多いでしょう。したがって，読点の位置と頻度には，書き手の文章の癖が如実に反映されます（金・樺島・村上，1993）。

※8　https://ja.wikipedia.org/wiki/機動戦士ガンダム

かけの頻度を用いたネットワーク分析（鈴木，2009）を行いました。**図 2.4** は，頻度が 5 回以上の呼びかけ（107 種類）を可視化した登場人物ネットワークです。

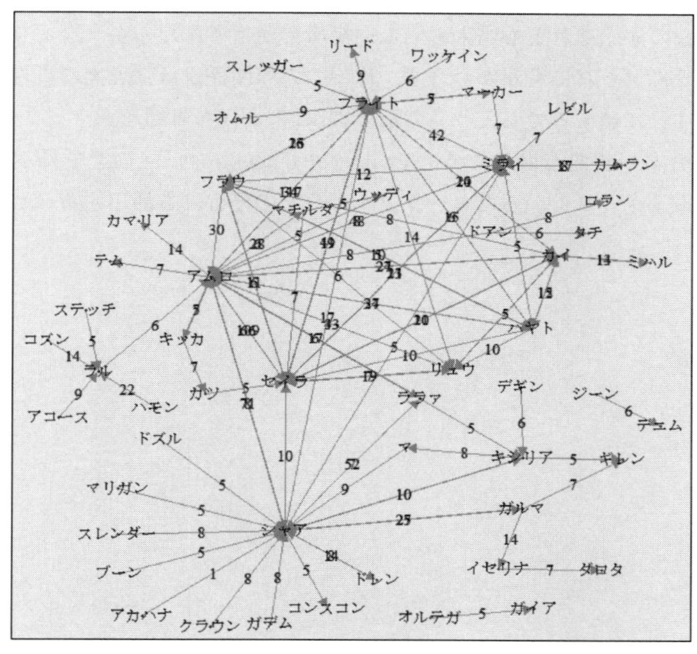

図 2.4 『機動戦士ガンダム』の登場人物ネットワーク（石田・小林，2013）

『機動戦士ガンダム』では，地球連邦軍とジオン軍という 2 つの勢力の争いが描かれています。図 2.4 を見ると，図中の上方で地球連邦軍のメンバーが密接に関係し合い，下方ではジオン軍のメンバーが関係し合っています。また，物語の主人公であるアムロ，アムロのライバルであるシャア，アムロの上官であるブライトの 3 人がネットワークにおいて中心的な役割を担っていることがわかります。そして，興味深いのは，ララァ（連邦軍のアムロとジオン軍のシャアと交流）とセイラ（シャアの妹でありながら連邦軍に所属）という 2 人の女性が両軍の間に位置している点，シャアが自らの父親を殺したザビ家とは別のグループを形成している点，ザビ家のメンバーの中で唯一母親が異なるドズルが他の兄弟（ギレン，キシリア，ガルマ）や父親（デギン）と異なるグループに属している点，ジオン軍でありながらも独自に作戦を遂行しているラルのグループが別個に存在する点，などです。この分析では，発話中の人名のみを扱っており，それ以外の情報を一切用いていません。また，その人名が好意的な文脈で言及されているのか，それとも否定的な文脈で言及されているのか，あるいは，当人の目の前で発言されたものなのか，それとも当人のいない場所で発言されたのか，などを一切考慮していません。それにもかかわらず，作中の人間関係がほぼ忠実に再現されていることは注目に値するでしょう。ちなみに，このような対話形式データの分析は，アニメの台本や戯曲だけでなく，Twitter や Facebook，ブログや掲示板への書き込み，電子メールといったソーシャルデータの分析にも活用することができます。

Part Ⅱ
準備編

第3章
分析データの準備

3.1 データセットの構築

2.1節でデータ収集に関する理論的な枠組みを説明しましたが，ここでは，具体的なデータ収集の手順について学びます。最初に電子化された（コンピュータで分析可能な）テキストデータの収集方法について，次に収集したデータの保存方法について扱います。

電子化された言語データの集め方には，大きく分けて4種類あります。まず，最も単純な方法として，キーボード入力が挙げられます。この方法には非常に大きな労力がともないます。しかしながら，現代語では使われていない文字や記号を使っていたり，くずし字で書かれている昔の写本など，自動的な電子化が難しいテキストを扱う場合は，手作業で電子化する必要があります。手作業にはミスがつきものですので，複数人による確認作業を行うとよいでしょう。

2番目の方法は，スキャナと**光学文字認識**（optical character recognition; OCR）ソフトウェアを用いるものです（荻野・田野村，2011)。光学文字認識の精度も完璧ではなく，手作業による修正が必要となります。しかし，多くの場合，手作業のみでコンピュータに入力するよりも早く作業を終えることができます。Googleで「OCR　おすすめ」などと検索するとわかるように，数多くの光学文字認識ソフトウェアが販売されています。しかし，標準的な日本語もしくは英語のテキストが対象であるのならば，スキャナに付属しているソフトウェアでも十分な性能を発揮します。また，最近は，Google Drive※1を使って，オンラインで文字を認識することも可能です（**図3.1**)。本書執筆時点でのGoogle Driveの仕様では，「設定」画面で「アップロードしたファイルを変換する」にチェッ

※1　https://www.google.com/intl/ja/drive/

クを入れたあと，アップロードした画像ファイルを右クリックし，「アプリで開く」から「Google ドキュメント」を選択すると，文字認識を行った結果のファイルが作られます（最新の仕様については，インターネットで「Google Drive OCR」などと検索することで調べることができます）。

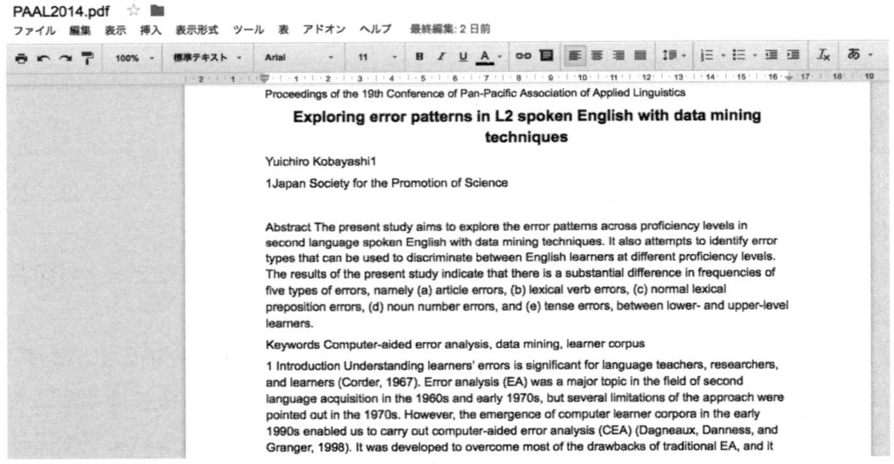
PAAL2014.pdf

Proceedings of the 19th Conference of Pan-Pacific Association of Applied Linguistics

Exploring error patterns in L2 spoken English with data mining techniques

Yuichiro Kobayashi1

1Japan Society for the Promotion of Science

Abstract The present study aims to explore the error patterns across proficiency levels in second language spoken English with data mining techniques. It also attempts to identify error types that can be used to discriminate between English learners at different proficiency levels. The results of the present study indicate that there is a substantial difference in frequencies of five types of errors, namely (a) article errors, (b) lexical verb errors, (c) normal lexical preposition errors, (d) noun number errors, and (e) tense errors, between lower- and upper-level learners.

Keywords Computer-aided error analysis, data mining, learner corpus

1 Introduction Understanding learners' errors is significant for language teachers, researchers, and learners (Corder, 1967). Error analysis (EA) was a major topic in the field of second language acquisition in the 1960s and early 1970s, but several limitations of the approach were pointed out in the 1970s. However, the emergence of computer learner corpora in the early 1990s enabled us to carry out computer-aided error analysis (CEA) (Dagneaux, Danness, and Granger, 1998). It was developed to overcome most of the drawbacks of traditional EA, and it

図 3.1　Google Drive を使って文字認識をした PDF ファイル

3 番目の方法は，最初から電子化された形式でデータを集めるというものです。たとえば，**図 3.2** のように，Google フォーム※2 を使って，自由記述式のアンケートを実施することが可能です（豊田，2015）。また，Word や Excel で作ったアンケートをメールの添付ファイルなどで送ってもらうこともできるかもしれません。しかし，インターネット上でデータを収集する場合は，何らかの理由でインターネットにアクセスできない人やコンピュータを使うことができない人が自動的に調査対象から除外されるために，紙媒体の調査を行った場合と結果が異なる可能性があることに注意しましょう。

そして，4 番目の方法は，**ウェブスクレイピング**（Web scraping）という技術を用いて，インターネット上のウェブサイトなどを自動的に収集することです（Mitchell, 2015）。通常，ウェブスクレイピングをするためには，ある程度のプログラミング技術が必要となりますが，BootCaT※3 のように，インターネット

※2　https://www.google.com/intl/ja_jp/forms/about/
※3　http://bootcat.dipintra.it/

上の言語データを自動で収集し，コーパスを構築するためのツールも存在します(**図 3.3**)※4。

図 3.2　Google フォームによるアンケートの作成

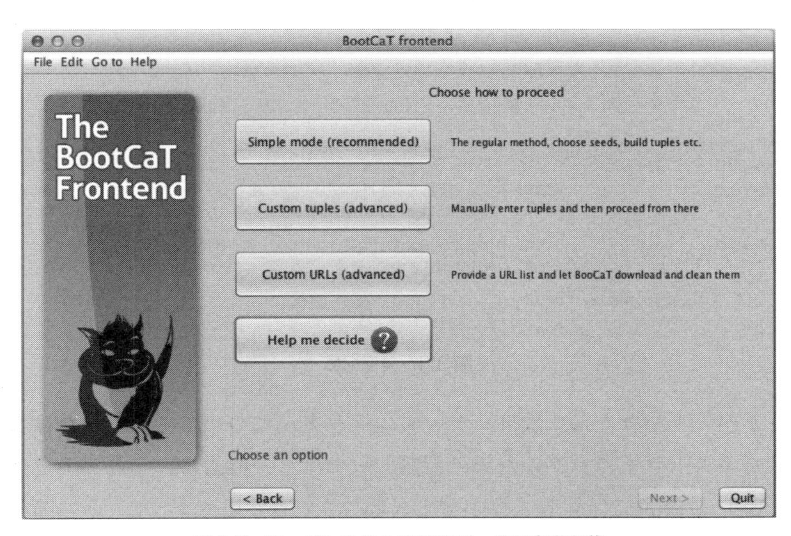

図 3.3　BootCaT による言語データの自動収集

※4　第 4 章以降で紹介する R というデータ解析ツールを使う場合は，rvest（https://CRAN.R-project.org/package=rvest）というウェブスクレイピング用の追加パッケージを利用することができます。詳しくは，リンク先にあるマニュアルを参照してください。

以上が主な分析データの収集方法ですが，もちろん，これ以外にも様々な方法が存在します。たとえば，言語研究や文学研究をする人であれば，青空文庫[5※]（日本語，**図 3.4**）や Project Gutenberg[※6]（英語）のような既存のテキストアーカイブを利用することができます。これらのアーカイブでは，すでに著作権が切れた文学作品などが多数公開されています。また，省庁や地方自治体が発行している白書や報告書[※7]，首相官邸が公開している内閣総理大臣の演説[※8]などを使って，社会学や政治学に関する実証的研究を行うことも可能です。その他，自分の興味や関心に合わせて，インターネット上でいろいろと探してみましょう。無償で公開されているデータと有償で公開されているデータがありますが，著作権に十分に配慮して利用するようにしましょう。

インターネットの電子図書館、青空文庫へようこそ。

初めての方はまず「青空文庫早わかり」をご覧ください。

ファイル利用をお考えの方は、こちらをご一読ください。

ブラウザでは読みにくいと思った方は、「青空文庫のXHTML, TEXTの読み方」をどうぞ。

メインエリア	
青空文庫早わかり	青空文庫の使い方と約束事を紹介しています。初めての方、ファイルやキャプチャーの取り扱いについて知りたい方も、こちらへどうぞ。
総合インデックス	作家名、作品名の50音別に、公開作品と入力・校正作業中の作品を一覧できるインデックスです。公開中の作品を探すときは、下の近道もご利用ください。
公開中　作家別：	あ行　か行　さ行　た行　な行　は行 ま行　や行　ら行　わ行　他

図 3.4　青空文庫

データが入手できたら，次は，データの保存方法について考えなければなりません。テキストマイニングのための言語データは，一般的に，**テキストファイル**（text file）の形式で保存します（詳しくは，3.2 節で述べます）。その際，分析

※ 5　http://www.aozora.gr.jp/
※ 6　https://www.gutenberg.org/
※ 7　http://www.kantei.go.jp/jp/hakusyo/
※ 8　たとえば，第百九十回国会における安倍内閣総理大臣施政方針演説は，http://www.kantei.go.jp/jp/97_abe/statement2/20160122siseihousin.html

の目的や好みにもよりますが，分析データは（ある程度）細かい単位で分割して保存しておくとよいでしょう。たとえば，芥川龍之介と太宰治の小説のコーパスを作る場合，芥川と太宰のデータをそれぞれ１つのファイル（合計２つ）にまとめるという方法があります。この方法は，芥川のテキスト全体と太宰のテキスト全体を比較する際には便利ですが，芥川（もしくは太宰）が書いた個々のテキストを比較する場合には不便です。複数のファイルを自動でまとめるのは簡単ですが，単一のファイルを自動で複数に分割するには多少の技術が必要になります。

複数の分析ファイルを持っている場合は，階層的なファイル構造に保存したり，ファイル名を工夫したりすることで，効率的にファイルを管理することができます。**図 3.5** は，階層的なファイル管理の例です。この例では，データセット全体が `literature_corpus` という名前のフォルダに含まれていて，芥川と太宰のデータがそれぞれ `Akuta_texts` と `Dazai_texts` というフォルダに保存されています。また，個々のファイルは，`Akuta_001.txt` のように，サブグループの名前（この例では作家の名前）と番号からなっています。このように，ファイル名の冒頭をサブグループ名にしておくと，個々のファイルがどのサブグループに属するものかが一目瞭然です。そして，ファイル名をアルファベット順に並び替えるだけで，サブグループごとにファイルが分かれるため，ファイルの管理が容易です。

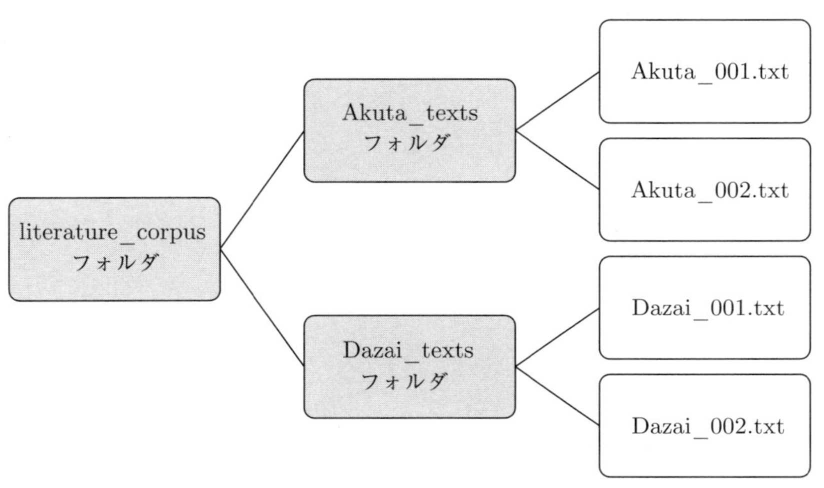

図 3.5　ファイル管理の例

そして，ファイル名は，半角英数字とアンダースコア（_）のみで付けるのが無難です。日本語などの全角文字，あるいは特殊記号やスペースなどがファイル名に含まれていると，分析ツールによっては正しく作動しない場合があります。ファイル名を付けるにあたって，個々のテキストの名前が重要な場合は `Akuta_Rashomon.txt` などとすることもありますし，執筆年代が重要な場合は `Akuta_1915.txt` などとすることもあります。どのようなファイル名を付けるべきか，どのようなファイル構造で管理するべきか，は分析の目的によって異なります。一度付けたファイル名を大量に変更する必要があるときは，ファイル名を一括変換するためのツールを使うという手があります。関心のある方は,「ファイル名　一括変換　ツール」などで検索してみてください。

Column … Twitter データの取得

近年，社会調査やマーケティング調査の目的で，Twitter データが分析されています。それに合わせて，Twitter データを収集するためのツールもインターネット上でいろいろと公開されています。興味のある方は，「tweet　収集　ツール」などで検索してみてください。また，第 4 章以降で用いる R というソフトウェアには，twitteR というツイート収集用の追加パッケージ[※9]が存在します（山本・藤野・久保田，2015)。ただし，このパッケージを利用するためには，Twitter のアカウントの取得と，開発者用ウェブサイト[※10]への登録を事前に行わなければなりません。そして，ツイートを取得する際に, ROAuth というパッケージ[※11]も必要になります。Twitter などのデータを自動収集するためのツールの仕様は頻繁に変更される可能性がありますので，注意してください。

※ 9　https://CRAN.R-project.org/package=twitteR
※ 10　https://dev.twitter.com/
※ 11　https://CRAN.R-project.org/package=ROAuth

3.2 テキストファイルの作成

テキストマイニングのためのデータは，一般的に，テキストファイルという形式で用意します。テキストファイルは，改行やタブなどを除くと，文字だけからなるファイルです。したがって，Word ファイルのように，文字を装飾したり，複雑な書式を指定したりすることはできません。その代わり，Windows や Mac といった異なる OS 間でも比較的互換性が高い，小さいファイルサイズで保存することができる，様々なプログラムやツールに対応している，などの利点があります。なお，テキストファイルは，ファイル名の最後に `.txt` という**拡張子**(filename extension) が付いています※12。Windows 10 で拡張子が表示されない設定となっているときは，エクスプローラーのメニューにある「表示」タブを開いて，「ファイル名拡張子」にチェックを入れることで，拡張子を表示することが可能です。

テキストファイルを作成するためには，Windows 10 の場合，「スタート」から「すべてのアプリ」※13 を選び，「Windows アクセサリ」の中にある「メモ帳」を使うのが簡単です。また，Mac OS X の場合は，「アプリケーション」の中にある「テキストエディット」を使うことができます。ただし，テキストエディットを使う場合は，**図 3.6** のように，メニューバーの「環境設定」の「フォーマット」で「標準テキスト」を選択する必要があります（初期設定のままだと，「リッチテキスト」という形式で保存されてしまいます)。そして，すでに Word で言語データを持っている場合は，**図 3.7** のように，「書式なし (.txt)」という形式で保存し直します（その際，文字の装飾や書式に関する情報は失われます)※14。これらの処理は，使用しているコンピュータの OS の種類，あるいは Microsoft Office のバージョンによって，若干異なることがあります。そのようなときは，「Windows　10　テキストファイル　作り方」，「Word　2016　テキストファイル　保存」のように，自分が使っている OS や Office のバージョンの情報で検索してみるとよいでしょう。

※12　拡張子は，ファイル名の末尾に付いている「ピリオド＋英数字」で表されており，ファイルの種類を識別するために使われています（たとえば，Word は `.docx` で，Excel は `.xlsx`)。

※13　Windows 10 のバージョンによっては，「すべてのアプリ」がなく，「スタート」から「Windows アクセサリ」を選択できます。

※14　使用しているコンピュータの OS の種類，Microsoft Office のバージョンによって，若干画面が異なることがあります。

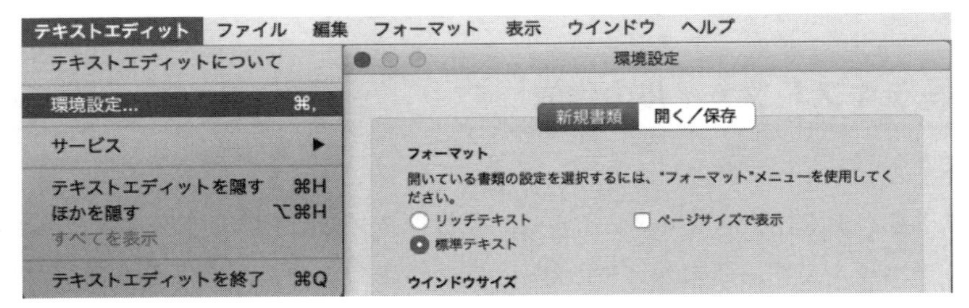

図 3.6　テキストエディットによるテキストファイルの作成

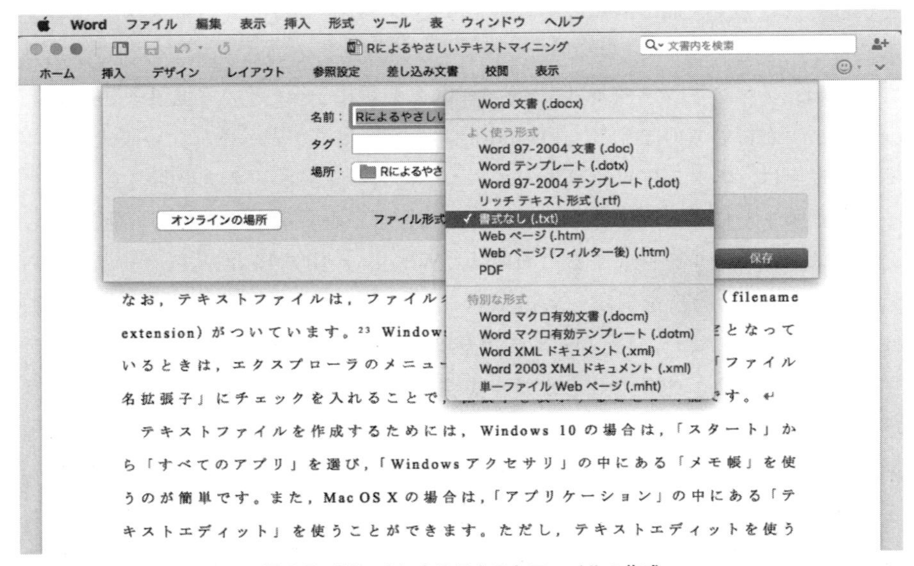

図 3.7　Word によるテキストファイルの作成

以上のように，Windows のメモ帳や Mac のテキストエディットを使えば，テキストファイルを簡単に作ることができます。しかし，テキストマイニングのためのデータセットを構築するには，より多機能な**テキストエディタ**（text editor）を使った方が便利です。テキストエディタとは，テキストファイルを編集するための専用のソフトウェアで，文字情報の検索や一括置換の機能を備えています。「テキストエディタ　おすすめ」などと検索してみると，テキストエディタには様々な種類があり，その中には有料のものも無料のものもあります。どれを選ぶかは好みの問題ですが，**正規表現**（regular expression）が使えるテキストエディタを選ぶようにしましょう（正規表現については，3.4 節で詳しく説明します)。個人的には，Windows ならばサクラエディタ※15，Mac ならば Fraise※16（どちらも無料）がおすすめです。

なお，テキストエディタの中には，**シンタックスハイライト**（syntax highlight）という機能を持つものもあります。シンタックスハイライトとは，プログラミングなどをする際に，特殊な意味を持つ文字列やプログラムの構造（シンタックス）に関する部分を色やフォントの種類で強調（ハイライト）することです。このような強調によって，プログラムが読みやすくなり，プログラミングのミスを防ぐと同時に，他の人が書いたプログラムを読みやすくするという利点もあります。たとえば，上記の Fraise というテキストエディタは，テキストマイニングでよく使われる Python や Ruby のようなプログラミング言語，さらには HTML（HyperText Markup Language）や XML（Extensible Markup Language）といったマークアップ言語（ウェブサイトなどを作成するための言語）に対応しています。**図 3.8** は，本書の第 4 章以降で使う R のシンタックスをハ

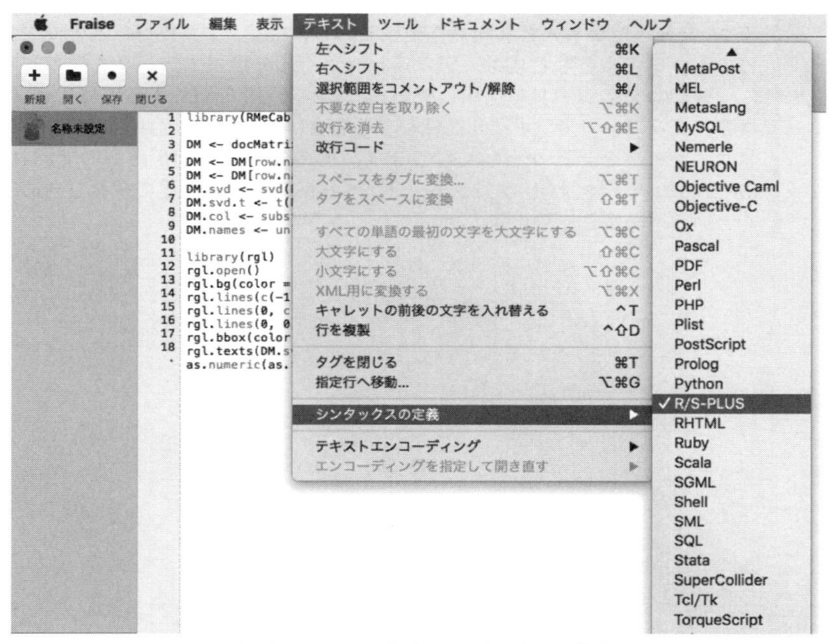

図 3.8　Fraise におけるシンタックスの定義

※15　http://sakura-editor.sourceforge.net/
※16　https://www.macupdate.com/app/mac/33751/fraise

イライトするための設定をしているところです。このようなハイライト機能は，テキストマイニングにとって必須ではありませんが，あると非常に便利なものです。自分の好きなテキストエディタが見つかったら，分析データをテキストファイル（.txt）の形式で保存し，適切なファイル名やフォルダ構造で管理しましょう。

Column … 文字コード

日本語で書かれたテキストをコンピュータで分析する場合，**文字コード**（character encoding）に注意する必要があります。文字コードとは，コンピュータ上で文字を表示する方法のことです。現在，多種多様な文字コードが存在していますが，日本語環境の Windows では，Shift-JIS（＝CP932）という文字コードが一般的に使われています。たとえば，Windows のメモ帳の初期設定は，Shift-JIS となっています（なお，Windows のメモ帳では，Shift-JIS が ANSI と表記されています）。それに対して，Mac などでは，UTF-8 という文字コードが使われることが多いです。

このように，Windows と Mac では，内部で利用している文字コードが異なっています。したがって，Windows と Mac を併用している場合や，異なる OS を使っている人と共同で作業している場合は，文字化けなどの問題が生じます。そのようなときは，テキストファイルの形式でデータを保存する際に，適切な文字コードを選択してから，異なる OS で開くようにしましょう。複数の文字コードでファイルを保存する場合は，どのファイルがどの文字コードか，がときどきわからなくなります。そのような心配があるのであれば，data_001_utf8.txt のように，ファイル名に文字コードの情報を含めておくという予防策もあります。

3.3 CSV ファイルの作成

テキストマイニングを行うにあたって，**CSV ファイル**（CSV file）という形式も覚えておきましょう。CSV というのは，Comma Separated Value の略語で，コンマで区切った値という意味です。実際のファイルは，**図 3.9** のようになっています。イメージとしては，Microsoft Excel におけるセルとセルの区切りが半角コンマで表現されている形式です（以下の例では，左側に作品名，右側に出版年の情報が書かれていて，その 2 つの情報が半角コンマで分割されています）。ただし，Excel ファイルと違い，文字の装飾や計算式などの情報を含めることができません。その代わり，Excel 以外のソフトウェアや様々な分析ツールで開くことが可能です。つまり，CSV ファイルと Excel ファイルの関係は，前節のテキストファイルと Word ファイルの関係によく似ています。

```
作品名,出版年
風の歌を聴け,1979
1973年のピンボール,1980
羊をめぐる冒険,1982
世界の終りとハードボイルド・ワンダーランド,1985
ノルウェイの森,1987
```

図 3.9 CSV ファイル形式の例

CSV ファイルの作り方にはいくつかの方法がありますが，恐らく一番楽なのは，Excel を使うことです。表形式のデータを Excel で保存する際に，「ファイル形式」で「CSV（コンマ区切り）(*.csv)」を選択することができます（**図 3.10**）。ただし，複数のシートを 1 つの CSV ファイルとして保存することはできません。また，Excel を利用しない場合は，テキストエディタで図 3.9 のようなコンマ区切りのデータを作成し，`Murakami_Haruki.csv` のように，CSV ファイルの拡張子を付けることで，CSV 形式で保存することができます。

テキストマイニングで CSV ファイルを使う場面は，主に 2 つあります。1 つは，自由記述形式のアンケートを分析する場合です（石田，2008）。たとえば，**表 3.1** のように，顧客の属性（性別や年代など）や満足度に関するデータとともに，自由回答形式のテキストが含まれているとします。このようなデータが CSV ファ

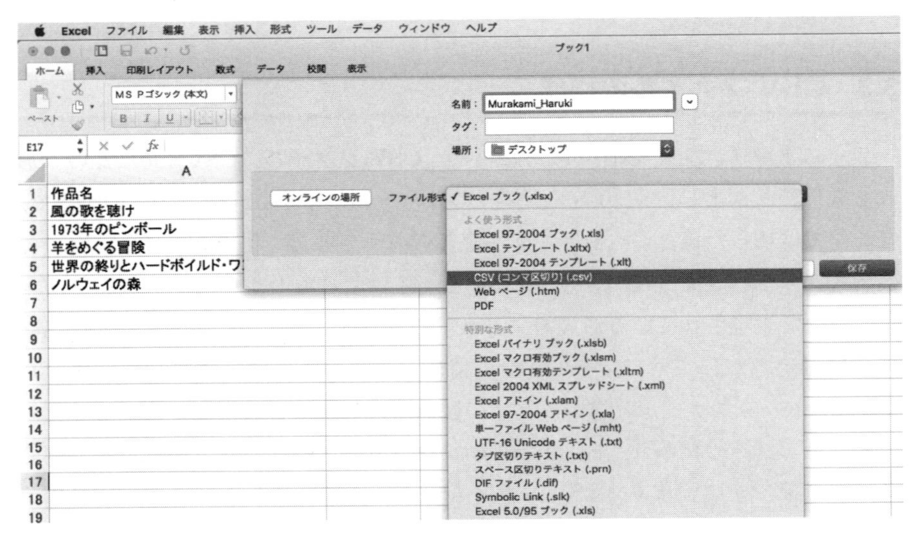

図 3.10　Excel による CSV ファイルの作成

表 3.1　自由記述形式のアンケートの例

性別	年代	満足度	スタッフの対応について，具体的にお聞かせください
F	30 代	4	お食事にあうワインに関する質問に対して，とても丁寧に答えてくれました。
M	50 代	3	特になし
M	40 代	2	それほど混んでいたわけでもないのに，店員を呼んでも，なかなかテーブルに来なかった。
F	20 代	5	店長さんがイケメンでよかったです！
…	…	…	…
F	60 代	4	お肉を使わない特別なメニューに対応していただきました。

イルで保存されている場合，1 番右の列のデータをテキストマイニングの対象とすることができます。

もう 1 つは，テキスト分析（頻度集計など）の結果を CSV ファイルに保存し，それを統計処理ソフトウェアに読み込ませる場合です。たとえば，jReadability※17 というテキスト分析ツール（無料）があります。このツールを使うと，分析テキストの語数や文字数，語彙レベル構成率，品詞構成率，語種構成率，文字種構成率などの情報を容易に得ることができます（**図 3.11**）。また，「結果保存」と

※ 17　http://jreadability.net/

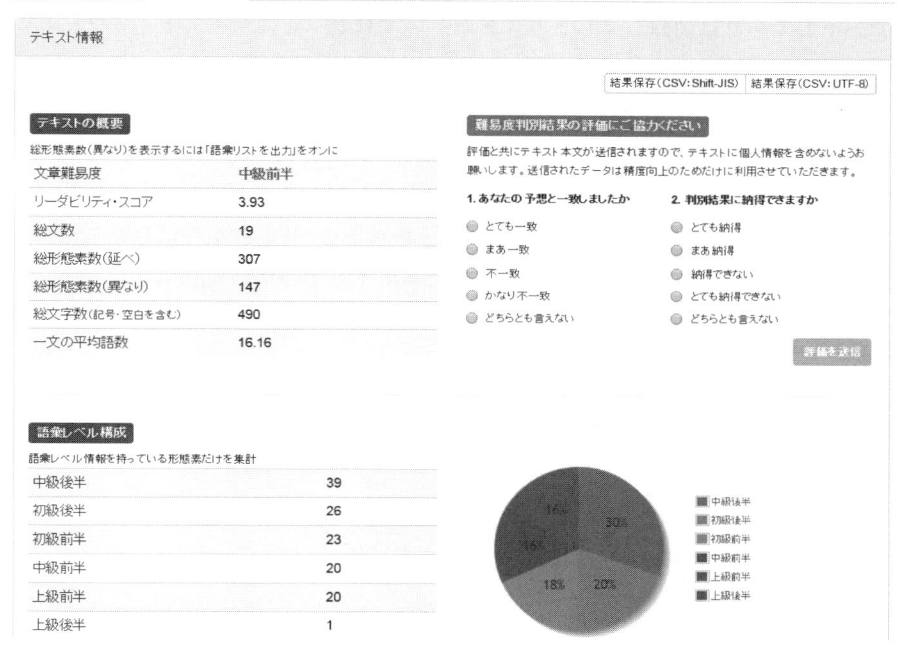

図 3.11 jReadability によるテキスト分析

いうボタンをクリックすることで，解析結果を CSV 形式で保存することができます。そして，その解析結果を R のようなソフトウェアに読み込ませることで，さらなる統計解析や可視化を行うことが可能です。

もう一歩先へ

ちなみに，初心者向けのテキスト分析ツールでは，一度の処理で 1 つのテキストしか解析できないこともあります。しかしながら，Excel の**ピボットテーブル**（pivot table）という機能を使うと，**図 3.12** のように，複数の表を簡単に結合することができます。具体的には，まず，**図 3.13** のような表形式に変換します。ここで重要なのは，「テキストタイプ」のように，個々の数値がどのテキストに関するものなのか，を識別するための列を追加することです。そして，**図 3.14** のように，「列ラベル」に「テキストタイプ」，「行ラベル」に「品詞」，「値」に「頻度」を割り当てると，2 つの表が結合されます（同じ要領で，3 つ以上の表を結合することもできます)。そのとき,「総計」という列や行なども生成されますので,不要であれば削除しましょう。また,いずれか一方のテキストタイプにしかない項目があった場合,他方におけるその項目のセルは空欄になります。こちらも,必要に応じて,「0」などの値を挿入しましょう※18。ピボットテーブルは,プログラミングなしで複数の表を結合できる貴重な手段なので,覚えておくと役に立ちます。また,ここでは詳しく説明できませんが,表中の数値を大きい順(もしくは小さい順)に並び替える「並べ替え」の機能や,特定の条件に合致したデータのみを表示する「フィルター」の機能を併用すると非常に便利です。

	小説
名詞	42
動詞	33
形容詞	25

+

	新聞
名詞	52
動詞	32
形容詞	16

→

	小説	新聞
名詞	42	52
動詞	33	32
形容詞	25	16

図3.12　表の結合

	A	B	C
1	品詞	頻度	テキストタイプ
2	名詞	42	小説
3	動詞	33	小説
4	形容詞	25	小説
5	名詞	52	新聞
6	動詞	32	新聞
7	形容詞	16	新聞
8			

図3.13　ピボットテーブルのための表の準備

※18　少し工夫をすれば,全ての空欄に「0」を一括で挿入することもできます。詳しくは,「Excel　表　空欄　0　一括挿入」などで検索してみましょう。

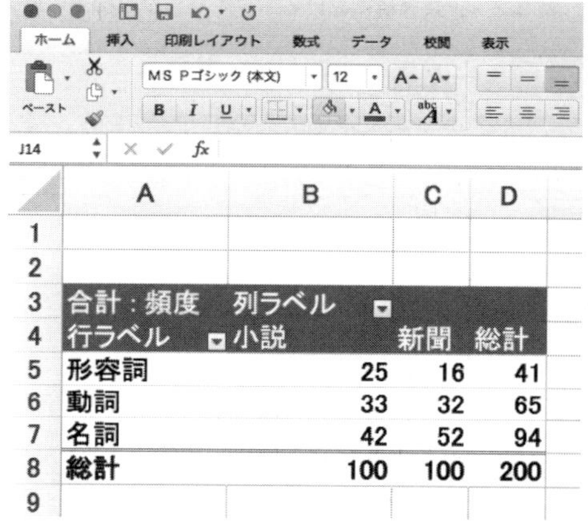

図 3.14　ピボットテーブルの作成

3.4　テキスト整形

電子化されたテキストデータを入手したあと，表記ゆれの統一や不要な記号の削除などを行うために，**テキスト整形**（text formatting）という処理が必要になることがあります。ここでは，正規表現に対応したテキストエディタを用いて，テキスト整形の手順について説明します。正規表現とは，メタキャラクタと呼ばれる特殊な記号で表現される文字列のパターンのことです。**表 3.2** は，正規表現におけるメタキャラクタの例です（様々なメタキャラクタが示されていますが，必ずしも全てを覚えなければならないわけではないので，安心してください）。ただし，Mac でメタキャラクタを使う場合は，表中の円マーク（¥）をバックスラッシュ（\）に置き換えてください。また，テキストエディタによっては，メタキャラクタの定義が若干異なっていたり，独自のメタキャラクタが追加されていたりしますので，ヘルプなどをあわせて参照してください。

正規表現を使いこなせるようになると，テキスト分析の幅が格段に広がります。以下，実際のテキスト整形で頻繁に使う正規表現を紹介します。まずは，正規表現に対応したテキストエディタの置換機能を立ち上げてください。Windows のサクラエディタならば，メニューの「検索」にある「置換」をクリックしてください。また，Mac の Fraise ならメニューにある「編集」の「検索」から「詳細検索と置換」を選択してください。そうすると，置換のためのダイアログ画面が

表 3.2　正規表現におけるメタキャラクタの例※19

メタキャラクタ	意　味
.	改行以外の任意の1文字
[ ]	[ ] 内の任意の1文字
[^]	[ ] 内の文字列以外の任意の1文字
^	行頭
$	行末
¥b	単語の境界
( )	( ) 内の文字列をグループ化
|	| の前後のいずれか
*	直前の要素の0回以上の繰り返し
+	直前の要素の1回以上の繰り返し
?	直前の要素の0～1回の繰り返し
{*m*}	直前の要素の *m* 回の繰り返し
{*m*,}	直前の要素の *m* 回以上の繰り返し
{*m*,*n*}	直前の要素の *m* 回以上，*n* 回以下の繰り返し
¥n	改行
¥r	リターン※20
¥t	タブ
¥s	空白文字にマッチ
¥w	全ての半角英数字とアンダースコア
¥W	半角英数字とアンダースコア以外全て
¥l	半角英小文字全て
¥L	半角英小文字以外全て
¥u	半角英大文字全て
¥U	半角英大文字以外全て
¥	直後の1文字をメタキャラクタとして扱わない

開かれます。開かれた画面には2つの入力ボックスがあり，上のボックスで指定した文字列が下のボックスで指定した文字列に置き換えられます。これらの2つのボックスの名前は，「置換前」と「置換後」，「検索」と「置換」など，テキストエディタによって異なりますが，その役割はほとんど同じです。

最初は，単純な文字列の置換の例です。**図 3.15** のように，「たぬきそば」，「きつねそば」，「わかめそば」，「月見そば」，「天ぷらそば」という文字列を対象に，「そ

※19　ここでは，Perl 型の正規表現を紹介しています。
※20　Mac では，改行が ¥n ではなく ¥r で表現される場合があります。このあたりは若干ややこしい話となりますが，興味のある方は，「改行コード　OS　違い」などで検索してみてください。

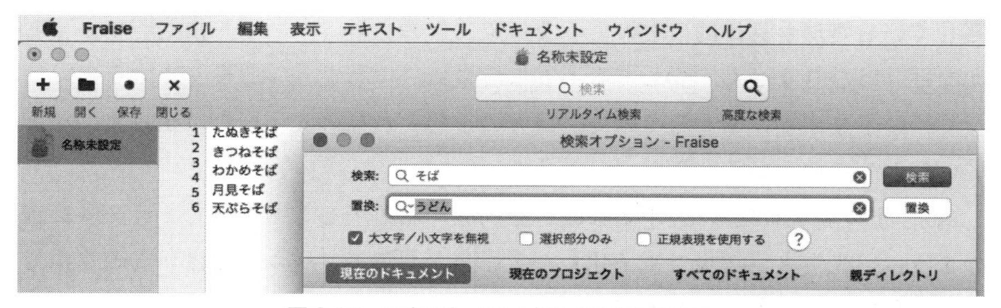

図 3.15　テキストエディタによる置換の実行

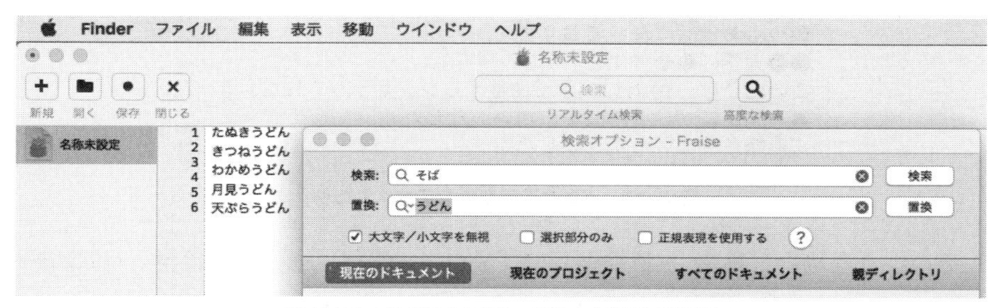

図 3.16　テキストエディタによる置換の結果

ば」を「うどん」に置き換えるという処理をしてみます。その結果が**図 3.16** です。一目でわかるように，データの中身が「たぬきうどん」，「きつねうどん」，「わかめうどん」，「月見うどん」，「天ぷらうどん」に変わっています。これは非常に単純な例ですが，このような文字列置換を行うことで，「、」と「,」や「.」と「。」のような句読点の表記ゆれを統一したり，文末の「です」を「だ」に一括変換したりすることが可能です。しかし，分かち書きされていない（単語と単語の間に区切りがない）テキストを置換する場合，誤って別の単語も一緒に置換しないように気をつけてください。「そば」という文字列が必ずしも蕎麦を表しているとは限らず，「君のそばに立っている」や「こそばゆい」といった表現の一部である可能性があります（これを「うどん」に置換すると，「君のうどんに立っている」や「こうどんゆい」という意味不明な文字列になってしまいます）。そんなことはありえないと思うかもしれませんが，「京都」（府）を対象とする処理が「東京都」という文字列にも影響を及ぼした，あるいは，「スマホ」（スマートフォン）の頻度を調べたつもりが「カリスマホスト」の一部も数えていた例などを実際に見たことがあります。何かを自動で一括処理しようとする場合は，いま自分が行おうとしている処理が具体的にどのような対象に影響を及ぼすのか，についてよく考えなければなりません。少しでも不安な場合は，いきなり「置換」をするのではなく，ひとまず「検索」してみて，自分の予想どおりの文字列だけが対象になっているか，を確かめるとよいでしょう。

次に，正規表現を使って，不要な改行を削除する処理をしてみましょう。**図 3.17** のように，光学文字認識で電子化したテキストや電子メールなどは，文の途中で改行されていることが多いです。

```
いつもお世話になっております，
●●大学の◆◆です。
このたびは，10月に本学で開催するシンポジウムにて，
▲▲先生にぜひご講演をお願いいたしたく，
ご連絡させていただきました。
```

図 3.17　不要な改行を含むテキストの例

そのような場合，「検索」（置換前）に「¥n」（＝改行）を入れ，「置換」（置換後）に何も入れないことで，改行を削除することができます（**図 3.18**）。

```
いつもお世話になっております，●●大学の◆◆です。このたびは，10月に本学で開催するシンポジウムにて，▲▲先生にぜひご講演をお願いいたしたく，ご連絡させていただきました。
```

図 3.18　改行を削除した例

また，正規表現を用いると，カッコに囲われた部分を一括で消去することもできます。たとえば，青空文庫で公開されているテキストには，**図 3.19** のように，ルビがカッコ内に書かれているものが多く見られます。

```
　同じM県に住んでいる人でも，多くは気づかないでいるかもしれません。I湾が太平洋へ出ようとする，S郡の南端に，外《ほか》の島々から飛び離れて，丁度緑色の饅頭《まんじゅう》をふせた様な，直径二里足らずの小島が浮んでいるのです。
```

図 3.19　ルビがカッコ内に書かれている例※21

※21　ちなみに，これは，江戸川乱歩の『パノラマ島綺譚』の冒頭部分です。http://www.aozora.gr.jp/cards/001779/card56651.html

そのような場合,「検索」(置換前)に「《.*?》」(=《 》で囲われている文字列全て)を入れ,「置換」(置換後)に何も入れないことで,ルビを削除することができます(**図 3.20**)。

同じM県に住んでいる人でも,多くは気づかないでいるかもしれません。I湾が太平洋へ出ようとする,S郡の南端に,外の島々から飛び離れて,丁度緑色の饅頭をふせた様な,直径二里足らずの小島が浮んでいるのです。

図 3.20 カッコを削除した例

このような処理は,テキストのヘッダー部分を消去することに応用できます。たとえば,**図 3.21** のように,テキストの冒頭に書誌情報が付与されていることがあります。

```
<title>Finnegans Wake</title>
<author>James Joyce</author>
<publication_year>1939</publication_year>
```

図 3.21 テキストの冒頭に書誌情報が付与されている例

もし出版年(publication_year)の情報だけを消去したいのであれば,「検索」(置換前)に「<publication_year>.*?</publication_year>」を入れ,「置換」(置換後)に何も入れなければ,開始タグ(= <publication_year>)から閉じタグ(= </publication_year>)までを削除することができます※22。さらに,複数のタグに囲われた部分を一括で消去したい場合は,「検索」(置換前)に「<.*?>.*?</.*?>」を入れ,「置換」(置換後)に何も入れなければ,< > 形式のカッコに挟まれた全ての文字列を削除することが可能です。なお,ここで使われている「.*?」とは,(0 文字以上の)任意の文字列を表しています。この正規表現は非常に汎用性が高いものなので,ぜひ覚えておいてください。

ここで例として示した数行程度の文章であれば,正規表現など使わなくとも,手作業で簡単に加筆・修正・削除ができるでしょう。しかし,テキストマイニングで対象とするデータは,数百行,数千行,数万行あることも珍しくありません。

※22 特定の文字列の前後をペアとなっているタグが囲んでいる場合,前のものを開始タグ,後ろのものを閉じタグと呼びます。また,閉じタグには,スラッシュが含まれているのが一般的です。

そのような大量のデータを手作業で処理することは，単に退屈であるだけでなく，疲労による見落としや間違いを招くことでしょう。テキスト分析者として，正規表現をある程度使えるか，使えないか，は非常に大きな違いです。まずは，本節で紹介した処理をマスターし，そのあとで，少しずつ他のメタキャラクタの使い方を覚えていきましょう。テキスト分析のための正規表現については大名(2012)が最も詳しく，正規表現一般については佐藤（2005）の解説がわかりやすいです。

Column … 日本語文字のためのメタキャラクタ

英語などの欧米系言語と比べて，日本語は文字の種類が多いため，テキストマイニングに用いる正規表現も特殊なものとなります。たとえば，基本的にアルファベット 26 文字の大文字と小文字しかない英語の場合，大文字だけを対象としたいときは [A-Z]，そして，小文字だけのときは [a-z] と指定できます。これに対して，ひらがな・カタカナ・漢字については，英語のように簡単に指定する方法はありません（ただし，ソフトウェアによっては，ひらがな・カタカナ・漢字のそれぞれを ¥p{Hiragana}，¥p{Katakana}，¥p{Han} などと表すことができます)。日本語の文字に関する正規表現については，大名（2012）を参照してください。

第4章 データ分析の基本

4.1 R のインストールと基本操作

本書では，データ分析に **R** というソフトウェアを利用します。R とは，多様なデータ解析手法とグラフィックス作成機能を備えたデータ解析環境です。このソフトウェアは，誰でも無料で使用することができる，Windows，Mac，Linux といった複数の OS 上で動作させることができる，拡張機能が無料の「パッケージ」という形で配布されているために最新のデータ解析手法をすぐに試すことができる，などの利点を持っています。R は，最先端の統計学研究から様々なビジネス領域まで幅広く用いられており，「統計計算の共通語（lingua franca）」としての役割を担っています（Everitt and Hothorn, 2014）。

R を使いこなすためには，プログラミングについて少し学ばなければなりません。マウス操作のみでデータ分析ができるツールもありますが，ユーザーフレンドリーなツールにはいくつかの欠点があります。たとえば，既存のツールには多くのユーザーが利用する「最大公約数的な機能」しか搭載されておらず，自分に必要な機能が用意されているとは限りません（淺尾・李，2013）。また，一部のツールでは，データ処理の過程がブラックボックスとなっているために，出力結果の正しさを検証することが難しく，検証の必要性自体も意識されにくくなります（大名，2012）。それに対して，分析者の目的に合わせて独自の解析プログラムを作成することの利点は計り知れません。自らプログラムを作ることで，既存のツールではできない分析が可能になり，検索の速度と精度が向上し，自分の研究に使いやすいような出力を得られ，データサイズの制約を受けずに分析できるようになります（Biber, Conrad, and Reppen, 1998）。最初は，慣れない処理に戸惑うこともあるかもしれません。しかし，少しずつ着実に R について学んでいきましょう。

まず，Rのインストール手順について説明します。Rの公式ウェブサイト※1（**図4.1**）にアクセスし，左側のメニューから**CRAN**（The Comprehensive R Archive Network）をクリックします。そうすると，世界各地にあるミラーサイト（メインサイトのコピー）の一覧がアルファベット順で表示されます（**図4.2**）。そこから「Japan」のサイトを選びます（本書執筆時点では，統計数理研究所のミラーサイトがあります）。次に，日本のミラーサイト（**図4.3**）の上部にある「Download and Install R」から自分のOSに合わせたリンクをクリックします。そして，Windows版をインストールする場合は，その先にある「R for Windows」のページ（**図4.4**）で「base」を選び，「Download R 3.*.* for Windows」をダウンロードしてください。また，Mac版をインストールする場合は，ミラーサイトの「Download R for (Mac) OS X」へと進んで，「R-3.*.*.pkg」をダウンロードしてください。なお，執筆時点でのバージョンは，R 3.3.1でした。

図4.1　Rの公式ウェブサイト

※1　https://www.r-project.org/

Italy	
http://cran.mirror.garr.it/mirrors/CRAN/	Garr Mirror, Milano
https://cran.stat.unipd.it/	University of Padua
http://cran.stat.unipd.it/	University of Padua
http://dssm.unipa.it/CRAN/	Universita degli Studi di Palermo
Japan	
https://cran.ism.ac.jp/	The Institute of Statistical Mathematics, Tokyo
http://cran.ism.ac.jp/	The Institute of Statistical Mathematics, Tokyo
Korea	
http://cran.nexr.com/	NexR Corporation, Seoul
http://healthstat.snu.ac.kr/CRAN/	Graduate School of Public Health, Seoul National University, Seoul
http://cran.biodisk.org/	The Genome Institute of UNIST (Ulsan National Institute of Science and Technology)

図 4.2 CRAN のミラーサイト一覧（一部）

The Comprehensive R Archive Network

CRAN
Mirrors
What's new?
Task Views
Search

About R
R Homepage
The R Journal

Software
R Sources
R Binaries
Packages
Other

Documentation
Manuals
FAQs
Contributed

Download and Install R

Precompiled binary distributions of the base system and contributed packages, **Windows and Mac** users most likely want one of these versions of R:

- Download R for Linux
- Download R for (Mac) OS X
- Download R for Windows

R is part of many Linux distributions, you should check with your Linux package management system in addition to the link above.

Source Code for all Platforms

Windows and Mac users most likely want to download the precompiled binaries listed in the upper box, not the source code. The sources have to be compiled before you can use them. If you do not know what this means, you probably do not want to do it!

- The latest release (Tuesday 2016-06-21, Bug in Your Hair) R-3.3.1.tar.gz, read what's new in the latest version.
- Sources of R alpha and beta releases (daily snapshots, created only in time periods before a planned release).
- Daily snapshots of current patched and development versions are available here. Please read about new features and bug fixes before filing corresponding feature requests or bug reports.
- Source code of older versions of R is available here.

図 4.3 R のダウンロード

R for Windows

Subdirectories:

base	Binaries for base distribution (managed by Duncan Murdoch). This is what you want to **install R for the first time**.
contrib	Binaries of contributed CRAN packages (for R >= 2.11.x; managed by Uwe Ligges). There is also information on third party software available for CRAN Windows services and corresponding environment and make variables.
old contrib	Binaries of contributed CRAN packages for outdated versions of R (for R < 2.11.x; managed by Uwe Ligges).
Rtools	Tools to build R and R packages (managed by Duncan Murdoch). This is what you want to build your own packages on Windows, or to build R itself.

Please do not submit binaries to CRAN. Package developers might want to contact Duncan Murdoch or Uwe Ligges directly in case of questions / suggestions related to Windows binaries.

You may also want to read the R FAQ and R for Windows FAQ.

Note: CRAN does some checks on these binaries for viruses, but cannot give guarantees. Use the normal precautions with downloaded executables.

図 4.4 Windows 版 R のダウンロード

ダウンロードしたファイルをダブルクリックすると，Rのインストールが開始されます※2。ここでは,全てデフォルトの設定のまま「次へ」(もしくは「続ける」)を押していくことを推奨します。途中で何度か確認を求められますが，そのまま「次へ」(もしくは「続ける」)を押していきましょう。インストールが完了すると，Windowsならばデスクトップ上に，Macならば「アプリケーション」の中にRのアイコンが表示されます。

Rのアイコンをダブルクリックすると，Rが起動します。**図4.5**は，起動したRの画面です（これはMac版ですが，Windows版でもほぼ同じような見た目になります)。今後は,この画面上でRを操作することになります。なお,本書では,画面の上にある「R」,「ファイル」,「フォーマット」などが並んでいる部分を「メニューバー」と呼び，その下にある「`R version 3.3.1 (2016-06-21) -- "Bug in Your Hair"`」と書かれている部分を「コンソール画面」，もしくは単に「コンソール」と呼びます（コンソール画面に表示されている文言は，Rの

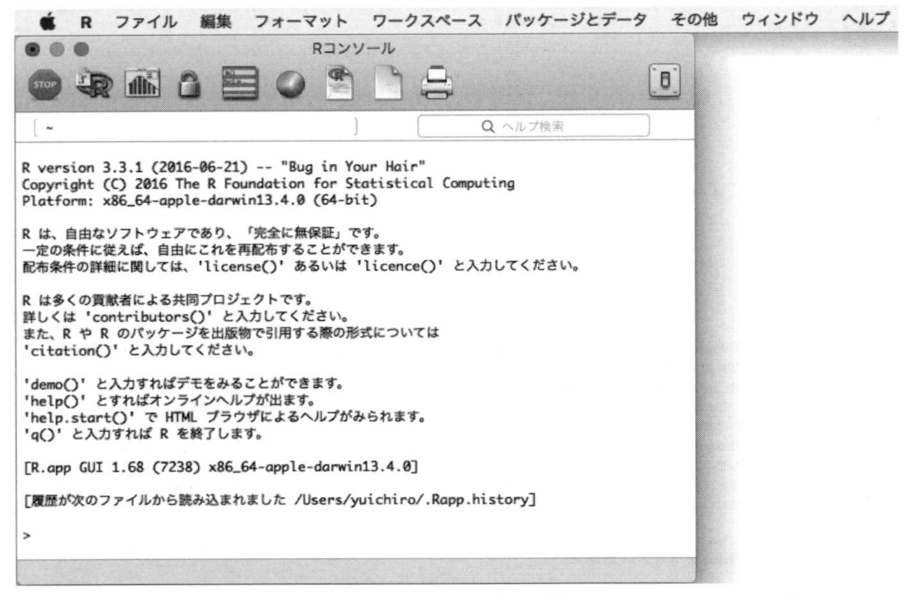

図4.5　起動したRの画面

※2　インストール時に「コンポーネントの選択」のダイアログボックスで「Message translations」にチェックを入れると、メニューバーやコンソール画面のメッセージを日本語で表示できます。

バージョンなどによって若干異なります)。

また，R を終了する場合は，メニューバーの「R」から「R を終了」を選ぶか，コンソールに q() と入力してエンターキー（リターンキー）を押すか，コンソール上部の終了ボタン（他のアプリケーションと同じ）をクリックしてください。このいずれかの操作を行うと，「作業スペース」もしくは「ワークスペース」を保存するか否か，を尋ねられます（**図 4.6**)。ここで毎回保存すると，大きなデータが蓄積され，コンピュータのディスクスペースを圧迫します。そこで本書では，作業スペース（もしくは，ワークスペース）に保存しないことを推奨します。

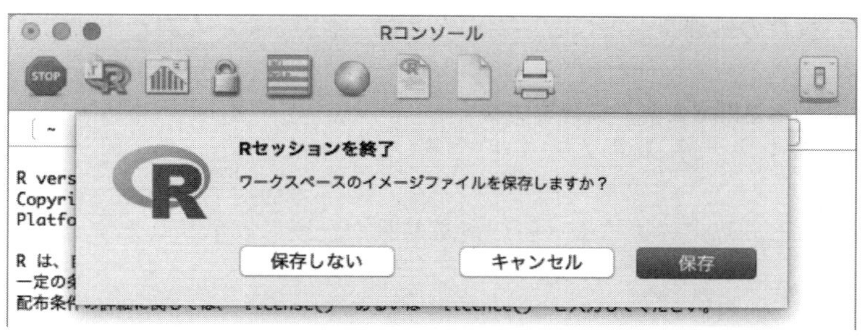

図 4.6 R の終了

では，R の基本操作に慣れるために，最初に簡単な計算をしてみましょう。終了した R を再び起動し，以下の 1 + 2 という命令を打ち込んで，エンターキーを押してください。R では，このような命令のことを**コード**（code）といいます。なお，行頭の > は 1 つのコードの開始位置を示すもので，自分で入力する必要はありません。

```
> 1 + 2
```

そうすると，以下のように，1 + 2 の計算結果がコンソールに表示されます。行頭の [1] は，その処理から得られた出力の 1 つ目という意味です。

```
[1] 3
```

当然のことながら，足し算以外の計算もできます。なお，# で始まる部分はコメントで，R の処理から除外されます。本書では，# を使って，コードの説明などをしていきます（したがって，入力を省略しても構いません)。

```
> # 引き算
> 2 - 1
> # 掛け算
> 2 * 3
> # 割り算
> 4 / 2
> # 累乗
> 3 ^ 4
```

また，複数の処理を一度に行いたいときは，；でつないだコードを書きます。

```
> # 複数の処理をセミコロンでつなぐ
> 2 - 1 ; 2 * 3 ; 4 / 2 ; 3 ^ 4
```

そうすると，以下のような４行の計算結果が一度に表示されます。

```
[1] 1
[1] 6
[1] 2
[1] 81
```

ここで，Rにおけるコードの書き方について少し補足します。コードを入力する際，空白を入れても入れなくても結果は変わりません。ただ，ある程度の空白を入れておいた方が見やすいでしょう。

```
> # 以下の処理は全て「3」という同じ結果を返す
> 1+2
> 1+ 2
> 1 +2
> 1 + 2
>      1      +      2
```

また，コードの途中でエンターキーを押してしまった場合，コードの開始位置を表す > ではなく，コードの途中であることを示す + が行頭に表示されます。このようなときは，+ のあとにコードの続きを入力するか，エスケープキーを押して処理を中断してください。

```
> # コードの途中でエンターキーが押された場合
> 1 +
+
```

そして，コードを入力する際，コンソール上でキーボードの「↑」や「↓」を押すと，これまでに使ったコードの履歴を表示することができます（「↑」を1回押すと1つ前のコードを，2回押すと2つ前のコードを呼び出すことができます）。この機能は，似たようなコードを続けて入力する際に非常に便利なので覚えておきましょう。

では，ここから少しずつプログラミングの基礎について触れていきます。最初は，**変数**（variable）と**代入**（assignment）について学びます。変数というのは，何らかのデータを一時的に入れておく箱のようなもので，その箱の中にデータを入れることを代入と呼びます。以下の例では，x という名前の変数の中に2という数値を代入しています。変数の名前は，半角英数字や全角英数字などを使って自由に付けることができます※3。本書では，主に半角英数字を変数名として用います。また，代入にあたっては，半角記号の < と - を組み合わせた <- という特殊記号を使います（これは左向きの矢印を表しています）※4。なお，別のデータを同じ名前の変数に代入すると，新しいデータが古いデータを上書きしてしまいますので，注意してください。

```
> # 変数に代入
> x <- 2
```

代入した変数の中身を確認する場合は，コンソールに変数名を入力します。そうすると，先ほど代入した2という数値が表示されます。プログラミングにある

※3　Rでは，大文字と小文字が区別されるため，変数 x と変数 X は別のものとして扱われます。また，break，else，for，function，if，in，next，repeat，return，while，TRUE，FALSE などの名前は，Rにおいて特殊な意味を持っているため，変数名として用いることはできません（舟尾・高浪，2005）。そして，「変数壱」のように，日本語（全角文字）で変数名を付けることもできます。しかし，一部の処理で不具合が出る可能性があるため，半角英数字を使うのが賢明です。

※4　代入記号として = を使うことも可能ですが，Rでは <- が一般的です。

程度慣れるまでは，代入をするたびに，きちんと中身を確認するのが無難です。

```
> # 変数の中身の確認
> x
[1] 2
```

ちなみに，コードをカッコ () で囲むと，代入と同時に，変数の中身をコンソールに表示することができます。

```
> # 代入と同時に変数の中身を確認
> (x <- 2)
[1] 2
```

数値が代入された変数を使った計算をすることも可能です。以下の例では，x という変数に代入された数値に 1 を足しています。変数 x の中は 2 ですので，この計算結果は 3 となります。

```
> # 変数を使った計算
> x + 1
[1] 3
```

また，複数の変数を使って，変数同士の計算をすることもできます。以下の例では，y という新しい変数に 3 を代入し，x と y を足しています。x + y は 2 + 3 に等しいため，その答えは 5 となります。このような変数を用いた計算は，R による統計処理やテキストマイニングで頻繁に用いられます。

```
> # 別の変数を作成
> y <- 3
> # 変数同士の計算
> x + y
[1] 5
```

4.2 ベクトルと行列

前節では，1つの数値を変数に代入する方法を学びました。続く本節では，2つ以上の数値をグループ化する**ベクトル**（vector）や**行列**（matrix）という概念について説明します。

Rでは，ベクトルという形式で，複数の値を1つのまとまりとして扱うことができます。以下の例では，1から5までの数値をベクトル化し，xという変数に代入しています。その際，1から5までの数値をカッコ()で囲み，その左側にcという文字を書きます。このcは，単なる文字ではなく，「直後のカッコに囲まれた部分をベクトルに変換する」という特別な役割を担っています。このような特別な役割を持った文字列を**関数**（function）といいます。また，Rの関数は，関数名()という形式となっていて，カッコの中に入れたものに対して，その関数が持つ特殊な処理を適用します。

```
> # ベクトルの作成と代入
> # c関数は，ベクトルを作成するための関数
> x <- c(1, 2, 3, 4, 5)
```

代入したベクトルの内容を確認する場合は，コンソールに変数名を入力します。また，ベクトルの長さ（要素数）を知りたいときは，length関数を使います。

```
> # ベクトルの中身の確認
> x
[1]  1  2  3  4  5
> # ベクトルの長さ（要素数）の確認
> length(x)
[1] 5
```

そして，ベクトルのn番目の要素のみを取り出す場合は，ベクトル名[n]を指定します。また，ベクトルのm番目からn番目までの要素を取り出す場合は，ベクトル名[m : n]を指定します。

```
> # ベクトルの3番目の要素だけを取り出す
> x[3]
[1] 3
> # ベクトルの2番目から4番目の要素だけを取り出す
> x[2 : 4]
[1] 2 3 4
```

変数と同様に，ベクトルを使った計算やベクトル同士の計算を行うことも可能です。ベクトルを使った計算を行うと，以下の x * 2 の場合のように，ベクトル内の全ての要素に対して実行されます。

```
> # ベクトルを使った計算
> x * 2
[1]  2  4  6  8  10
> # 別のベクトルを作成
> y <- c(6, 7, 8, 9, 10)
> # ベクトル同士の計算
> x + y
[1]  7  9  11  13  15
```

ちなみに，複数のベクトルを結合したいときは，append 関数を用います。以下の例では，vector.1 という少し長めの変数名が指定されています。様々な処理をしているうちに，どの変数にどのデータが入っているかがわからなくなることがあります。必要に応じて，中身がわかるような名前を付けるとよいでしょう。

```
> # x, yの順番でベクトルを結合
> vector.1 <- append(x, y)
> vector.1
[1]  1  2  3  4  5  6  7  8  9  10
> # y, xの順番でベクトルを結合
> vector.2 <- append(y, x)
> vector.2
[1]  6  7  8  9  10  1  2  3  4  5
```

次に，複数の行や列を持つ行列というデータ形式について説明します。R で行列を作成するには，行列に含まれるデータをベクトルの形式で用意し，matrix

関数を使って行列に変換する，という手順をとります。以下の例では，z というベクトルに matrix 関数を適用する際，nrow（行数）というオプションで 2 を指定し，ncol（列数）というオプションで 3 を指定しています（このような関数のオプションを**引数**（argument）といいます）。これは，ベクトル z に含まれる 6 つの数値を使って，2 行×3 列の行列を作りなさい，という命令です※5。

```
> # 行列の作成
> # ベクトルの用意
> z <- c(1, 2, 3, 4, 5, 6)
> # 行列の形式に変換
> matrix.1 <- matrix(z, nrow = 2, ncol = 3)
> matrix.1
     [,1] [,2] [,3]
[1,]    1    3    5
[2,]    2    4    6
```

なお，matrix 関数の引数 byrow で TRUE を指定すると，行列内の数値の並び方が変わります。好みの問題ではありますが，最初にベクトルを用意する際，こちらの形式の方がわかりやすいように思います。

```
> # matrix関数の引数byrowでTRUEを指定
> matrix.2 <- matrix(z, nrow = 2, ncol = 3, byrow = TRUE)
> matrix.2
     [,1] [,2] [,3]
[1,]    1    2    3
[2,]    4    5    6
```

また，作成した行列の列数や行数を知りたい場合は，nrow 関数や ncol 関数，あるいは dim 関数を用います。

```
> # 行数の確認
> nrow(matrix.2)
[1] 2
> # 列数の確認
```

※5　ここでは，引数 nrow と引数 ncol の両方を明示的に指定していますが，実際はどちらか一方を指定するだけでも構いません。それは，「ベクトルに含まれる数値の個数＝行数×列数」という関係が成り立つため，どれか 1 つの要素が欠けても，他の 2 つの要素から計算することが可能だからです。

```
> ncol(matrix.2)
[1] 3
> # 行数と列数の確認
> dim(matrix.2)
[1] 2 3
```

変数やベクトルと同じく，行列を使った計算や，行列同士の計算も可能です。以下の例の「別の行列を作成」する部分では，matrix 関数と c 関数を入れ子構造で記述することで，1 行のコードで行列を作っています。

```
> # 行列を使った計算
> matrix.2 + 1
     [,1] [,2] [,3]
[1,]    2    3    4
[2,]    5    6    7
> # 別の行列を作成（matrix関数とc関数を入れ子構造で記述）
> matrix.3 <- matrix(c(7, 8, 9, 10, 11, 12), nrow = 2,
+ ncol = 3, byrow = TRUE)
> # 行列同士の計算
> matrix.2 + matrix.3
     [,1] [,2] [,3]
[1,]    8   10   12
[2,]   14   16   18
```

ちなみに，複数の行列を結合したいときは，rbind 関数，もしくは cbind 関数を用います。rbind 関数は行方向（縦方向）に行列を結合し，cbind 関数は列方向（横方向）に行列を結合します。

```
> # 行列の結合（行方向）
> rbind(matrix.2, matrix.3)
     [,1] [,2] [,3]
[1,]    1    2    3
[2,]    4    5    6
[3,]    7    8    9
[4,]   10   11   12
> # 行列の結合（列方向）
> cbind(matrix.2, matrix.3)
     [,1] [,2] [,3] [,4] [,5] [,6]
[1,]    1    2    3    7    8    9
[2,]    4    5    6   10   11   12
```

行列に含まれる一部の要素を取り出す場合は，行列名 [行 ， 列] の形式で指定します。行と列の両方を指定せずに，行列名 [行 ，] や行列名 [， 列] の形式で指定した場合は，指定した行もしくは列に含まれる全ての要素が取り出されます。さらに，マイナス記号を付けて，行列名 [- 行 ，] や行列名 [， - 列] の形式で指定すると，指定した行以外もしくは列以外に含まれる全ての要素が取り出されます。

```
> # 元の行列
> matrix.2
     [,1] [,2] [,3]
[1,]    1    2    3
[2,]    4    5    6
> # 2行目・3列目の要素を取り出し
> matrix.2[2, 3]
[1] 6
> # 2行目の要素全てを取り出し
> matrix.2[2, ]
[1] 4 5 6
> # 3列目の要素全てを取り出し
> matrix.2[, 3]
[1] 3 6
> # 2行目の要素以外の全てを取り出し
> matrix.2[-2, ]
[1] 1 2 3
> # 3列目の要素以外の全てを取り出し
> matrix.2[, -3]
     [,1] [,2]
[1,]    1    2
[2,]    4    5
```

そして，t 関数を用いることで，行列を転置する（行と列を入れ替える）ことができます。

```
> # 元の行列
> matrix.2
     [,1] [,2] [,3]
[1,]    1    2    3
[2,]    4    5    6
> # 行列の転置
```

```
> t(matrix.2)
     [,1] [,2]
[1,]    1    4
[2,]    2    5
[3,]    3    6
```

最後に，行列の行ラベルと列ラベルを付ける方法を説明します。大きな行列を分析するときは，どの行が何のデータで，どの列が何のデータなのか，がわからなくなるときもあります。そのような場合に，ラベルがあると助かります。なお，Rで（C1やR1のような）文字列データを扱う場合は，ダブルクォーテーションマーク " で囲みます（文字列データについては，4.4節で詳しく説明します）。

```
> matrix.2
     [,1] [,2] [,3]
[1,]    1    2    3
[2,]    4    5    6
> # 列ラベルの付与
> colnames(matrix.2) <- c("C1", "C2", "C3")
> # 行ラベルの付与
> rownames(matrix.2) <- c("R1", "R2")
> # ラベルの確認
> matrix.2
   C1 C2 C3
R1  1  2  3
R2  4  5  6
```

本節では，Rによるデータ分析の基礎であるベクトルと行列について学びました。それとともに，様々な関数も紹介しました。もし関数の使い方がわからなくなったら，あるいは，関数の使い方についてもっと深く知りたくなったら，help関数を活用しましょう。この関数は，任意の関数についてのヘルプを表示するための関数です。たとえば，最初に紹介したc関数のヘルプを見るには，以下のようなコードを入力します。

```
> # c関数のヘルプを参照
> help(c)
```

そうすると，**図 4.7** のような画面が表示されます。冒頭に「Combine Values into a Vector or List」（ベクトルもしくはリストとして値を結合する）という関数の主な機能が書いてあり，その下には，関数に関する簡単な記述（Description），使い方（Usage），引数（Arguments）などに関する説明があります。英語ということもあり，最初は使いにくいかもしれません。しかし，ヘルプを使いこなせるようになると，R やデータ処理に関する知識が格段に増していきます。

c {base} R Documentation

Combine Values into a Vector or List

Description

This is a generic function which combines its arguments.

The default method combines its arguments to form a vector. All arguments are coerced to a common type which is the type of the returned value, and all attributes except names are removed.

Usage

```
c(..., recursive = FALSE)
```

Arguments

`...`	objects to be concatenated.
`recursive`	logical. If `recursive = TRUE`, the function recursively descends through lists (and pairlists) combining all their elements into a vector.

図 4.7　c 関数のヘルプ（一部）

なお，本節で学んだ知識は，第 6 ～ 7 章で単語の頻度表を作ったり，第 8 ～ 9 章で頻度データの統計処理を行ったりする際に活用されます。本書を読み進めていくにあたって，ベクトルや行列の扱いに悩むことがあったら，本節に戻って復習してください。

4.3　データの要約

本節では，前節で作成したようなベクトルや行列を使った数値計算をします。具体的には，**総和**（sum），**平均値**（mean），**中央値**（median），**最大値**（max），**最小値**（min），**分散**（variance），**標準偏差**（standard deviation）などを求めます。

最初に，ベクトルを使った計算について説明します。ベクトルの中の要素を足し合わせた総和を求めるには，sum関数を使います。

```
> x <- c(1, 2, 3, 4, 5)
> # ベクトルの総和
> sum(x)
[1] 15
> # ベクトルの2番目から4番目の要素の総和
> sum(x[2 : 4])
[1] 9
```

また，ベクトルの平均値を求めるときはmean関数，中央値を求めるときはmedian関数を使います。平均値とは，データの総和をデータの個数で割った値のことで，中央値とは，データを小さい順に並び替えたときに真ん中の順位に現れる値のことです。

```
> # 平均値
> mean(x)
[1] 3
> # 中央値
> median(x)
[1] 3
```

平均値と中央値は，ともにデータの中心を表す値ですが，いつも上記の例のように同じ値となるとは限りません。平均値は，他のデータと比べて極めて大きい（もしくは，極めて小さい）データがある場合，そのような極端な値のデータの影響を受けることがあります（データ中の極端な値のことを**外れ値**（outlier）と呼びます）。これを簡単な例で考えてみましょう。以下は，AとBという2つのグループにおけるメンバー5人の年収を調査し，その平均値と中央値を求めた結果です。

```
> # グループAの5人の年収の調査（単位は万円）
> a <- c(100, 200, 300, 400, 500)
> mean(a)
[1] 300
> median(a)
[1] 300
> # グループBの5人の年収の調査（単位は万円）
> b <- c(100, 200, 300, 400, 5000)
> mean(b)
[1] 1200
> median(b)
[1] 300
```

上記の結果を見ると，グループ A の平均値である 300 万円と比べて，グループ B の平均値は 1200 万円とかなり高い値となっています。しかし，個々のメンバーの年収を丁寧に見てみると，5 人中 4 人の年収はまったく同じで，最後の 1 人の年収だけが異なっています。つまり，グループ B の中に年収 5000 万円の人（外れ値）が紛れ込んでいるために，このグループの平均値が高い方向に引っ張られているのです。これに対して，中央値は，いずれのグループにおいても 300 万円です。このように，中央値は外れ値の影響を受けにくい指標なのです。

R を使えば，最大値，最小値，分散，標準偏差など，データのばらつきに関する指標も簡単に計算することができます。その名のとおり，最大値はデータの中で最も大きい値で，最小値は最も小さい値です。分散と標準偏差は，ともにデータのばらつき具合を表すもので，値が大きいほどデータのばらつきが大きいことを示します※6。

```
> x <- c(1, 2, 3, 4, 5)
> # 最大値
> max(x)
[1] 5
> # 最小値
> min(x)
[1] 1
> # 分散
```

※6　分散（不偏分散）は，個々の値とデータの平均値との差を 2 乗したものを全て足し合わせて，データの個数から 1 を引いた値で割ったものです。また，標準偏差は，分散の平方根を取った値です。詳しくは，山田・杉澤・村井（2008）などを参照してください。

```
> var(x)
[1] 2.5
> # 標準偏差
> sd(x)
[1] 1.581139
```

そして，summary関数を用いると，以下のように，データの要約統計量が一度に表示されます。表示される値のうち，最小値（Min.），中央値（Median），平均値（Mean），最大値（Max.）についてはすでに説明しました。残りの，下側25%点（1st Qu.）と上側25%点（3rd Qu.）は，データを小さい順に並び替えたときに，それぞれ下側から25%の位置と上側から25%の位置に現れる値のことです。

```
> # 要約統計量
> summary(x)
   Min. 1st Qu.  Median    Mean 3rd Qu.    Max. 
      1       2       3       3       4       5 
```

次に，行列の計算について説明します。ベクトルの場合と同様に，行列全体の総和や平均値を求めることが可能です。

```
> matrix.4 <- matrix(c(1, 2, 3, 4, 5, 6, 7, 8, 9), nrow = 3,
+ ncol = 3, byrow = TRUE)
> matrix.4
     [,1] [,2] [,3]
[1,]    1    2    3
[2,]    4    5    6
[3,]    7    8    9
> # 行列の総和
> sum(matrix.4)
[1] 45
> # 行列の平均値
> mean(matrix.4)
[1] 5
```

また，行列の一部の総和や平均値を求めることもできます（もちろん，ベクトルの計算で紹介した他の関数も使えます）。

```
> # 行列の1行目の総和
> sum(matrix.4[1, ])
[1] 6
> # 行列の2～3列目の平均値
> mean(matrix.4[, 2 : 3])
[1] 5.5
```

そして，行ごと，あるいは列ごとの総和や平均値を求めるための関数も用意されています。

```
> # 行ごとの総和
> rowSums(matrix.4)
[1]  6 15 24
> # 列ごとの総和
> colSums(matrix.4)
[1] 12 15 18
> # 行ごとの平均値
> rowMeans(matrix.4)
[1] 2 5 8
> # 列ごとの平均値
> colMeans(matrix.4)
[1] 4 5 6
```

さらに，apply関数を使えば，行ごと，あるいは列ごとに様々な関数を適用することが可能です。apply関数は，apply(行列，マージン，適用する関数名)という書式で使います。その際，マージンの部分に1を指定すると行ごと，2を指定すると列ごと，に関数が適用されます。

```
> # 行ごとの総和（rowSums(matrix.4)と同じ）
> apply(matrix.4, 1, sum)
[1]  6 15 24
> # 列ごとの平均値（colMeans(matrix.4)と同じ）
> apply(matrix.4, 2, mean)
[1] 4 5 6
> # 行ごとの最大値
> apply(matrix.4, 1, max)
[1] 3 6 9
> # 列ごとの要約統計量
> apply(matrix.4, 2, summary)
```

```
        [,1] [,2] [,3]
Min.     1.0  2.0  3.0
1st Qu.  2.5  3.5  4.5
Median   4.0  5.0  6.0
Mean     4.0  5.0  6.0
3rd Qu.  5.5  6.5  7.5
Max.     7.0  8.0  9.0
```

Rは，数値計算と統計処理のためのソフトウェアですので，数値を操作するための様々な関数が用意されています。ただ，紙面の都合もあって，その全てを紹介することはできません。Rの関数について詳しく学びたい人には，間瀬（2014）や石田（2016）などの参考書をおすすめします。

Column … Rに関する情報検索

何か新しいことを始めたばかりの頃は，わからないことがたくさんあるものです。まして，慣れないプログラミングを学んでいると，様々な疑問が出てくるかもしれません。そのようなときは，関連書籍を調べるだけでなく，インターネットで検索するとよいでしょう。コンピュータ関連の情報は日々更新されるため，最も新しい情報はインターネット上で最初に発表されることがよくあります。また，Rのようなフリーソフトの場合，積極的にオンラインで情報発信をするユーザーも多いです。

Rに関する情報が蓄積されているウェブサイトとしては，RjpWiki※7が古くから知られています。そして，seekR※8というRに関する情報検索に特化した検索エンジンもあります。また，Tokyo.R※9などのR勉強会も毎月のように開催されています。さらに，海外の最新情報を知りたい人には，*The R Journal*※10のようなオンラインジャーナルやR-bloggers※11などのウェブサイトがおすすめです。

※7　http://www.okadajp.org/RWiki/
※8　http://seekr.jp/
※9　https://groups.google.com/forum/#!forum/r-study-tokyo
※10　https://journal.r-project.org/
※11　https://www.r-bloggers.com/

4.4 文字列処理

本節では，テキストマイニングに必須の技術である文字列処理について説明します。まず，文字列データの作成方法について説明します。4.2 節も述べたように，R で文字列データを扱う場合は，ダブルクォーテーションマークで囲みます。なお，Windows 版の R のコンソールに日本語を入力すると，カーソルがずれて表示されることがあります。その際は，メニューバーの「編集」から「GUI プリファレンス」を選び，「Font」をデフォルトの「Courier New」から「MS Gothic」に変更すると解決します。

```
> # 文字列を変数に代入
> str.1 <- "cats"
> # 文字列ベクトルの作成（英語，日本語）
> str.2 <- c("I", "love", "cats")
> str.3 <- c("私は猫が好きです")
> # 変数の中身の確認
> str.1
[1] "cats"
> str.2
[1] "I" "love" "cats"
> str.3
[1] "私は猫が好きです"
```

なお，半角数字を文字列として扱う場合もダブルクォーテーションマークで囲みます。ここで，数値をそのまま数値として代入した場合と，文字列として代入した場合を比較してみましょう。文字列として代入した場合は，数値として代入した場合と違い，変数の中身にダブルクォーテーションマークが付いています。

```
> # 数値として代入
> num <- c(1, 2, 3)
> num
[1] 1 2 3
> # 文字列として代入
> str.4 <- c("1", "2", "3")
> str.4
[1] "1" "2" "3"
```

数値か文字列か，というデータのクラス（属性）を調べたいときは，class 関数を使います。この関数の結果が numeric であれば数値データ，character であれば文字列データです※12。

```
> # データのクラスの確認
> class(num)
[1] "numeric"
> class(str.4)
[1] "character"
```

R では，LETTERS という変数にはアルファベット大文字が入っていて，letters という変数にアルファベット小文字が入っています。そして，tolower 関数で全てのアルファベットを小文字に変換することが可能で，toupper 関数で全てのアルファベットを大文字に変換することが可能です。

```
> # アルファベット大文字
> LETTERS
 [1] "A" "B" "C" "D" "E" "F" "G" "H" "I" "J" "K" "L" "M"
[14] "N" "O" "P" "Q" "R" "S" "T" "U" "V" "W" "X" "Y" "Z"
> # アルファベット小文字
> letters
 [1] "a" "b" "c" "d" "e" "f" "g" "h" "i" "j" "k" "l" "m"
[14] "n" "o" "p" "q" "r" "s" "t" "u" "v" "w" "x" "y" "z"
> # アルファベットを全て小文字に変換
> tolower(LETTERS)
 [1] "a" "b" "c" "d" "e" "f" "g" "h" "i" "j" "k" "l" "m"
[14] "n" "o" "p" "q" "r" "s" "t" "u" "v" "w" "x" "y" "z"
> # アルファベットを全て大文字に変換
> toupper(letters)
 [1] "A" "B" "C" "D" "E" "F" "G" "H" "I" "J" "K" "L" "M"
[14] "N" "O" "P" "Q" "R" "S" "T" "U" "V" "W" "X" "Y" "Z"
```

次に，文字列を結合する方法について説明します。paste 関数を使うことで，複数の文字列を 1 つにまとめることができます。その際，デフォルトでは各要素の間にスペースが挟まれますが，引数 sep で "" を指定することでスペースを省

※12 R では，numeric や character 以外にも，様々なデータのクラスが存在します。

略することが可能です※13。

```
> # 文字列の結合（デフォルトでは，スペースが挟まれる）
> paste("William", "Shakespeare")
[1] "William Shakespeare"
> paste("夏目", "漱石")
[1] "夏目 漱石"
> # スペースなしで結合
> paste("夏目", "漱石", sep = "")
[1] "夏目漱石"
> # 文字列の入った変数を結合
> Kawabata <- "川端"
> Yasunari <- "康成"
> paste(Kawabata, Yasunari)
[1] "川端 康成"
```

以下のように，paste関数を使って，連番の付いた変数を生成することもできます。

```
> # 連番の付いた変数を生成
> paste("No.", 1 : 5, sep = "")
[1] "No.1" "No.2" "No.3" "No.4" "No.5"
```

続いて，データの文字数を数える方法を説明します。ここでは，nchar関数を用います。

```
> # 文字列の文字数を計算
> nchar("cat")
[1] 3
> nchar("猫")
[1] 1
> # 各文字列の文字数を計算
> nchar(c("I", "love", "cats"))
[1] 1 4 4
> nchar(c("私", "は", "猫", "が", "好き", "です"))
[1] 1 1 1 1 2 2
```

※13 paste0関数を使うと，デフォルトで各要素の間にスペースが挟まれません。たとえば，paste0("夏目", "漱石")と書くと，paste("夏目", "漱石", sep = "")と同じ結果が得られます。

この nchar 関数を使うと，1 単語あたりの平均文字数やワードスペクトル（1.3 節参照）を簡単に算出することができます。その際，平均値を求める mean 関数と，頻度表を作成する table 関数も使います。ここでは数単語しかない短い文を扱っていますが，数千語や数万語からなる長いテキストに対しても同様の処理を行うことが可能です。

```
> # 1単語あたりの平均文字数
> word.length <- nchar(c("I", "love", "cats"))
> mean(word.length)
[1] 3
> # ワードスペクトル（1単語あたりの文字数の頻度表）
> # この例では，1文字の単語が1つで，4文字の単語が2つ
> table(word.length)
word.length
1 4
1 2
```

そして，文字列マッチングに関する関数について説明します。まず，文字列の中の任意の部分を取り出すには，substr 関数を使います。この関数を使う場合，引数 start と引数 stop で，文字列から取り出す部分の開始位置と終了位置を指定します。

```
> # 1文字目から3文字目までを取り出す
> substr("ABCDE", start = 1, stop = 3)
[1] "ABC"
> # 2文字目から4文字目までを取り出す
> substr("あいうえお", start = 2, stop = 4)
[1] "いうえ"
```

文字列を検索するときは，grep 関数を使います。以下の例では，4 種類の動詞の過去形をベクトルに代入し，その中で ed という文字列を含む動詞を抽出しています。

```
> # 動詞の過去形のベクトル
> verbs <- c("asked", "had", "looked", "took")
> # edという文字列を含む要素の番号を抽出
> verbs.n <- grep("ed", verbs)
```

```
> # 抽出した要素の番号を確認
> verbs.n
[1] 1 3
> # 抽出した番号を手がかりとして，検索条件に合致した要素を表示
> verbs[verbs.n]
[1] "asked"  "looked"
```

grep 関数では，引数 perl で TRUE を指定することで，Perl 型の正規表現（3.4 節参照）を使うことができます。これにより，単純に ed という文字列を含む単語を検索するだけでなく，ed という文字列で終わる単語や ed という文字列で始まる単語の検索が可能になります。

```
> # 単純にedという文字列を含む単語を検索
> words <- c("asked", "edited", "edition", "education",
+ "looked")
> words.n <- grep("ed", words)
> words[words.n]
[1] "asked"  "edited"  "edition"  "education"  "looked"
> # edという文字列で終わる単語のみを検索
> words.n.2 <- grep("ed$", words, perl = TRUE)
> words[words.n.2]
[1] "asked"  "edited"  "looked"
> # edという文字列で始まる単語のみを検索
> words.n.3 <- grep("^ed", words, perl = TRUE)
> words[words.n.3]
[1] "edited"  "edition"  "education"
```

文字列を置換するときは，gsub 関数を使います。以下は，英単語の語末の ed を s に置換した例と，日本語の語末の「く」を「い」に置換した例です。この関数においても，grep 関数と同様に，Perl 型の正規表現を使うことができます。

```
> # 英語の語末のedをsに置換
> verbs.2 <- c("asked", "looked", "walked")
> gsub("ed$", "s", verbs.2, perl = TRUE)
[1] "asks"  "looks"  "walks"
> # 日本語の語末の「く」を「い」に置換
> adverbs <- c("美しく", "高く", "速く")
> gsub("く$", "い", adverbs, perl = TRUE)
[1] "美しい"  "高い"  "速い"
```

gsub 関数の置換機能を使って，文字列を削除することも可能です（置換後の文字列を空にすることで，置換対象となる文字列が消去されます）。以下の例では，英単語の語末の s を削除しています。

```
> # 置換機能を用いた文字列の削除
> nouns <- c("birds", "cats", "dogs")
> gsub("s$", "", nouns, perl = TRUE)
[1] "bird"  "cat"  "dog"
```

strsplit 関数は，指定した文字を区切りとして，文字列を分割するために使います。この関数では，引数 split で区切り文字を指定します。以下の例では，" and " を区切りとして，A and B の形式の文字列を分割しています。また，strsplit 関数は**リスト**（list）という形式で結果を返しますが，unlist 関数を使うことで結果をベクトル形式に変換することができます。

```
> # A and Bの形式の文字列のベクトル
> and <- c("black and white", "bread and butter",
+ "cats and dogs")
> # " and "を区切りとして，文字列を分割
> strsplit(and, split = " and ")
[[1]]
[1] "black" "white"

[[2]]
[1] "bread"  "butter"

[[3]]
[1] "cats" "dogs"
> # 出力をリスト形式からベクトル形式に変換
> unlist(strsplit(and, split = " and "))
[1] "black" "white" "bread" "butter" "cats" "dogs"
```

そして，strsplit 関数でスペースを区切りとして指定することで，ひとかたまりの英語の文を単語に分割することが可能です。以下は，ジェイムズ・ジョイス（James Joyce）の『ユリシーズ』の冒頭部分を使った例です。

```
> # ひとかたまりの英文
> ulysses <- "Stately, plump Buck Mulligan came from the
stairhead, bearing a bowl of lather on which a mirror and a
razor lay crossed."
> # スペースを区切りとした分割
> unlist(strsplit(ulysses, split = " "))
 [1] "Stately,"   "plump"      "Buck"       "Mulligan"
 [5] "came"       "from"       "the"        "stairhead,"
 [9] "bearing"    "a"          "bowl"       "of"
[13] "lather"     "on"         "which"      "a"
[17] "mirror"     "and"        "a"          "razor"
[21] "lay"        "crossed."
```

また，日本語の場合は，split = "" とすると，1 文字ずつに分割されます。以下は，川端康成の『雪国』の冒頭部分を使った例です。

```
> # 日本語の文
> yukiguni <- "国境の長いトンネルを抜けると雪国であった。"
> unlist(strsplit(yukiguni, split = ""))
 [1] "国" "境" "の" "長" "い" "ト" "ン" "ネ" "ル" "を"
[11] "抜" "け" "る" "と" "雪" "国" "で" "あ" "っ" "た"
[21] "。"
```

ここまで，文字列処理に関する主な R の関数を紹介してきました。それに加えて，stringr※14 や stringi※15 などの追加パッケージを利用することで，様々な文字列処理を行うことができます（追加パッケージのインストール方法については，5.1 節で説明します）。また，stringdist パッケージ※16 を使うと，複数の文字列の類似度を計ることが可能です。興味のある方は，リンク先にある公式マニュアルなどを参照してください。

※ 14 https://CRAN.R-project.org/package=stringr
※ 15 https://CRAN.R-project.org/package=stringi
※ 16 https://CRAN.R-project.org/package=stringdist

4.5　ファイルの読み込み

前節までは，直接コンソールにデータを入力していましたが，実際のデータ分析で扱う頻度表やテキストは大きなもので，それらを手で入力するのは骨が折れます。そこで本節では，CSV ファイルやテキストファイルに保存されているデータを R に読み込む方法について説明します。

ファイルを読み込むためには，**作業ディレクトリ**（working directory）という概念を学ぶ必要があります（ワーキングディレクトリやカレントディレクトリと呼ばれることもあります）。これは，R の実行ファイルがある場所のことです。現在の作業ディレクトリを知りたいときは，getwd 関数を用います。たとえば，Windows の場合，以下の例における「C:/Users/User/Documents」のようなコンピュータ上の「住所」が表示されます※17。この住所は，コンピュータの「C」ドライブ→「Users」→「User」→「Documents」と階層を下っていったところに「R」というフォルダがあることを示しています。

```
> # 作業ディレクトリの確認
> getwd()
[1] "C:/Users/User/Documents"
```

もし現在の作業ディレクトリを変更したい場合は，setwd 関数を使います。

```
> # 作業ディレクトリの変更
> # 以下は，「C」ドライブ直下の「Data」フォルダに変更する例
> setwd("C:/Data")
> # 指定したフォルダが存在しない場合は，
> # setwd("C:/Data")でエラー：　作業ディレクトリを変更できません
> # といったエラーメッセージが表示される
```

そして，R にファイルを読み込む場合は，作業ディレクトリの中に読み込むファイルを入れるか，読み込むファイルがあるディレクトリの住所を指定するか，の 2 つの方法があります。

※17　コンピュータ上の「住所」のことをパス（path）といいます。

たとえば，**図4.8**のようなCSVファイルがあるとします※18。このファイルには，左側の列に単語名，右側の列に頻度が書かれていて，行や列のラベルは含まれていません。このような形式のファイルを読み込むときは，read.csv 関数を使います。その際，引数 header で FALSE を指定します。

```
of,29391
in,18214
to,9343
for,8412
with,6575
```

図 4.8 値しか入っていない CSV ファイル（data01.csv）

```
> # ファイルが作業ディレクトリにある場合
> data01 <- read.csv("data01.csv", header = FALSE)
> # ファイルが作業ディレクトリではなく，C:/Dataにある場合
> data01 <- read.csv("C:/Data/data01.csv", header = FALSE)
> data01
    V1    V2
1   of 29391
2   in 18214
3   to  9343
4  for  8412
5 with  6575
```

このように，ファイルの住所や名前を入力するのが面倒な場合は，file.choose 関数を組み合わせて使うと，ファイルを選択するダイアログボックス（**図4.9**）が表示されるため，非常に楽です。

```
> # マウス操作でdata01.csvを選択する場合
> data01 <- read.csv(file.choose(), header = FALSE)
```

※18 ちなみに，このデータは，British National Corpus という 1 億語の英語コーパスにおける前置詞（頻度上位 5 位まで）の頻度を集計したものです（Leech, Rayson, and Wilson, 2001）。

図 4.9　**file.choose** 関数を用いたファイルの読み込み

また，**図 4.10** のように，列ラベル（ヘッダー）が付いている CSV ファイルを読み込むときは，read.csv 関数で header = TRUE を指定します。

```
PREP,FREQ
of,29391
in,18214
to,9343
for,8412
with,6575
```

図 4.10　列ラベル（ヘッダー）が付いている CSV ファイル（data02.csv）

```
> # マウス操作でdata02.csvを選択する場合
> data02 <- read.csv(file.choose(), header = TRUE)
> data02
  PREP  FREQ
1   of 29391
2   in 18214
3   to  9343
4  for  8412
5 with  6575
```

なお，**図 4.11** のように，ファイル冒頭にコメントなどが付いている場合は，read.csv 関数の引数 skip で読みとばす行数を指定します。

```
### BNC FREQUENCY LIST ###
### PREPOSITIONS ###
PREP,FREQ
of,29391
in,18214
to,9343
for,8412
with,6575
```

図 4.11 冒頭にコメントなどが付いている CSV ファイル（data03.csv）

```
> # マウス操作でdata03.csvを選択する場合
> # 冒頭の2行を読みとばす
> data03 <- read.csv(file.choose(), header = TRUE, skip = 2)
> data03
  PREP  FREQ
1   of 29391
2   in 18214
3   to  9343
4  for  8412
5 with  6575
```

図 4.12 のように，列ラベルと行ラベルの両方が付いている場合は，引数 header で TRUE を指定し，引数 row.names で 1 を指定します（row.names = TRUE という書式ではないことに注意してください）※19。

```
PREP,SP,WR
of,14550,31109
in,11609,18978
to,14912,16442
for,6239,8664
with,4446,6821
```

図 4.12 列ラベルと行ラベルが付いている CSV ファイル（data04.csv）

※19 このデータは，British National Corpus を用いて，話し言葉（SP）と書き言葉（WR）における前置詞（頻度上位 5 位まで）の頻度を調べたものです（Leech, Rayson, and Wilson, 2001）。

```
> # マウス操作でdata04.csvを選択する場合
> data04 <- read.csv(file.choose(), header = TRUE,
+ row.names = 1)
> data04
        SP    WR
of   14550 31109
in   11609 18978
to   14912 16442
for   6239  8664
with  4446  6821
```

そして，CSV ファイルではなく，テキストファイルを読み込む場合は，scan 関数を使います。その際，読み込むデータの型を指定する引数 what を "char" とし，データの個数を表示しないために引数 quiet を TRUE とします。また，引数 sep で "¥n" を指定するとパラグラフ単位，指定しないと単語単位で読み込まれます※20。では，R の公式ウェブサイト※21 の文章（**図 4.13**）を読み込んでみましょう。

R is a free software environment for statistical computing and graphics. It compiles and runs on a wide variety of UNIX platforms, Windows and MacOS. To download R, please choose your preferred CRAN mirror.
If you have questions about R like how to download and install the software, or what the license terms are, please read our answers to frequently asked questions before you send an email.

図 4.13　R の公式ウェブサイトの文章（data05.txt）

```
> # テキストファイルを読み込む場合
> # 文単位で読み込む場合（data05.txtを選択）
> data05 <- scan(file.choose(), what = "char", sep = "¥n",
+ quiet = TRUE)
> data05
[1] "R is a free software environment for statistical
computing and graphics. It compiles and runs on a wide
variety of UNIX platforms, Windows and MacOS. To download
R, please choose your preferred CRAN mirror."
[2] "If you have questions about R like how to download and
```

※20　scan 関数の引数 sep を指定しない場合，空白を区切りとした分割が行われます。したがって，"platforms," や "email." のように，コンマやピリオドなどの記号が単語の一部としてみなされてしまうことがあります。このような問題に対する対処方法は，第10章で扱います。

※21　https://www.r-project.org/

```
install the software, or what the license terms are, please
read our answers to frequently asked questions before you
send an email."
> # 単語単位で読み込む場合 (data05.txtを選択)
> data05 <- scan(file.choose(), what = "char", quiet = TRUE)
> data05
 [1] "R"          "is"          "a"          "free"
 [5] "software"   "environment" "for"        "statistical"
 [9] "computing"  "and"         "graphics."  "It"
[13] "compiles"   "and"         "runs"       "on"
[17] "a"          "wide"        "variety"    "of"
[21] "UNIX"       "platforms,"  "Windows"    "and"
[25] "MacOS."     "To"          "download"   "R,"
[29] "please"     "choose"      "your"       "preferred"
[33] "CRAN"       "mirror."     "If"         "you"
[37] "have"       "questions"   "about"      "R"
[41] "like"       "how"         "to"         "download"
[45] "and"        "install"     "the"        "software,"
[49] "or"         "what"        "the"        "license"
[53] "terms"      "are,"        "please"     "read"
[57] "our"        "answers"     "to"         "frequently"
[61] "asked"      "questions"   "before"     "you"
[65] "send"       "an"          "email."
```

このようにテキストファイルを文字列として読み込むことができれば，前節の文字列処理の技術を使って，様々なテキストマイニングを行うことが可能です（テキストマイニングの具体的な技術については，第6～7章と第10章で説明します）。

ちなみに，本書では詳しく扱いませんが，XMLやHTMLで書かれた文書を読み込む場合はXMLという追加パッケージ※22を，R以外の統計ソフトウェア（SAS，SPSS，Stata，Wekaなど）で作成したファイルを読み込む場合はforeignという追加パッケージ※23を利用することができます（追加パッケージのインストール方法については，5.1節で説明します）。

※22　https://CRAN.R-project.org/package=XML
※23　https://CRAN.R-project.org/package=foreign

Column … RStudio

R では，RStudio という**統合開発環境**（integrated development environment）を利用することができます（石田，2012; Grolemund, 2014）。RStudio の画面は，複数に分割されていて，コードを入力するためのコンソール，コードやコメントをメモしておくためのエディタ，これまでに作成したデータや関数が表示されるワークスペース，パッケージを管理するための画面，作画のための画面，コードの履歴が記録されている画面，ヘルプを表示するための画面などが見やすいレイアウトで並べられています。また，コードの補完やシンタックスハイライトなどの機能も備えています。RStudio は，公式ウェブサイト※24 から無料で入手することができます。本書では R 本体を直接操作していますが，R を徹底的に活用したいという方は，RStudio の導入を検討してみてください。

※ 24　https://www.rstudio.com/

第5章 データの可視化

5.1 ヒストグラム

本章では，データの可視化について学びます。データをグラフなどの形式で視覚的に示すことは，分析結果を他人にわかりやすく伝える上で非常に有効な手段です。それだけでなく，分析者がデータ分析を始める際の手がかりを与えてくれることもあります。かつて統計学者ジョン・テューキー（John W. Tukey）は，**探索的データ解析**（exploratory data analysis）という概念を提唱し，データ分析における可視化の重要性を指摘しました。彼は，数学的な統計理論だけでは十分なデータ分析ができないと考え，**ヒストグラム**（histogram）や**箱ひげ図**（box-and-whisker plot）などのグラフを用いた直感的なアプローチを模索しました※1。以下，いくつかの基本的なグラフ形式を紹介します。

最初は，ヒストグラムについて説明します。ヒストグラムは，1つの分析項目からなるデータの概要を把握するのに用いられます（分析項目が1つだけのデータのことを1次元データ，もしくは1変量データと呼ぶこともあります）。データの概要を把握したいときに平均値を求めることがありますが，それと同時にヒストグラムによる可視化を行うことで，平均値からだけではわからないデータの性質を明らかにできます。

ここで，1つ例を挙げてみましょう。ある中学校の4つのクラス（A～D組）で英語の期末テストを行った結果，全てのクラスで平均点が55点でした（現実的にはありえないことですが，あくまで例として聞いてください）。では，生徒の学力をさらに向上させるために全てのクラスに同じ教育方法を用いればよいか，というと，それはそうとは限りません。**図 5.1** は，各クラスの生徒の得点分

※1　探索的データ解析については，あんちべ（2015），森藤・あんちべ（2014），三中（2015）などに詳しく書いてあります。

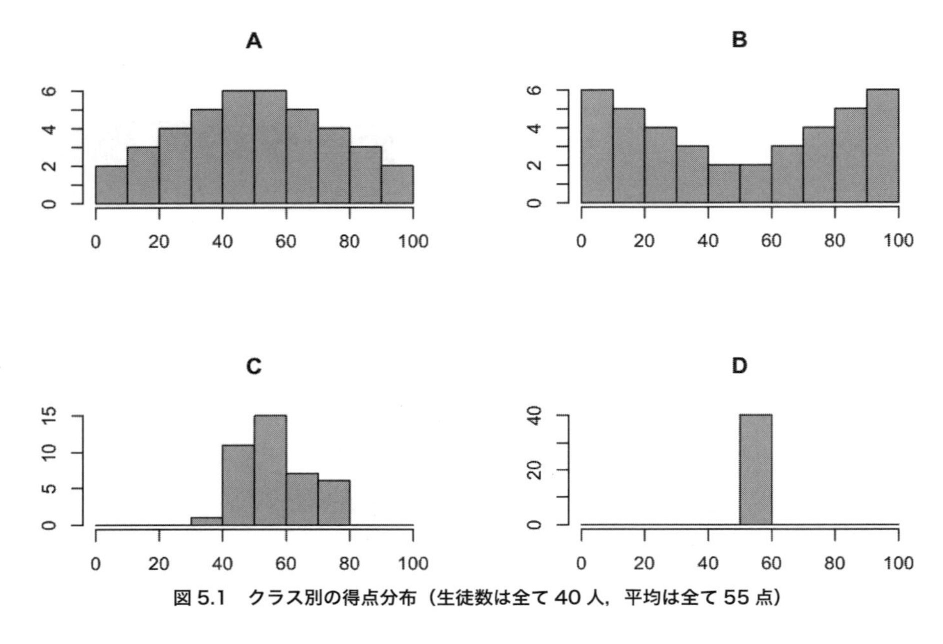

図 5.1　クラス別の得点分布（生徒数は全て 40 人，平均は全て 55 点）

布をヒストグラムで表したものです。ヒストグラムは，データが分布する範囲をいくつかの区間に分け，それぞれの区間の中にあるデータの数を棒の高さとして表現するものです。グラフの横軸がテストの点数（0 ～ 100 点），縦軸は人数を表しています。この図を見ると，4 つのクラスの平均点はまったく同じであるにもかかわらず，得点分布の形は大きく異なっています。たとえば，A 組や B 組は，C 組や D 組よりも学力のばらつきが大きいです。また，B 組では，他の組と違って，できる生徒とできない生徒の二極化が見られます（0 ～ 10 点付近と 90 ～ 100 点付近に多くの生徒がいます）。それに対して，D 組では，40 人全員が 50 ～ 60 点を取っています。このデータは人工的に作ったものですが，これと似たような現象は実際のデータ分析でも起こりえます。そして，このような現象は，平均値を見るだけでは気づくことができません。したがって，データの特徴を視覚的に確認することは非常に重要なことです。

では，Rでヒストグラムを描いてみましょう。描画に使うデータには，`corpora`パッケージ[※2]の`BNCbiber`データセットを用います。このデータセットは，1億語の英語コーパスであるBritish National Corpus（BNC）に含まれている4048個のテキストから65種類の言語項目の頻度を集計したものです。なお，`corpora`のような追加パッケージをインストールするには，`install.packages`関数を使います。その際，引数`dependencies`を`TRUE`にすると，そのパッケージを動かすのに必要な他のパッケージが存在する場合に，それらも一緒にインストールされます。そして，この関数を実行すると，どのミラーサイトからダウンロードするかを尋ねるダイアログボックスが表示されますので，「Japan (Tokyo)」などを選択します（**図5.2**）。

```
> # 追加パッケージのインストール（初回のみ）
> install.packages("corpora", dependencies = TRUE)
```

図5.2 パッケージのインストール

※2 https://CRAN.R-project.org/package=corpora

パッケージのインストールが終了したら，library 関数を用いて，パッケージを読み込みます（インストールしただけでは，使えません）。同じコンピュータであれば，インストールは最初の1回だけでよいですが，パッケージの読み込みはRを起動するごとに毎回行う必要があります※3。

```
> # 追加パッケージの読み込み（Rを起動するごとに毎回）
> library(corpora)
```

これで corpora パッケージが使えるようになりましたので，BNCbiber データセットを確認してみましょう。前述のように，このデータは4000行以上もある大きなものですので，head 関数を使って冒頭の5行のみ表示することにします※4。

```
> # データセットの準備
> data(BNCbiber)
> # データの冒頭の5行のみを表示
> head(BNCbiber, 5)
   id f_01_past_tense f_02_perfect_aspect f_03_present_tense
1 A00       17.291833            9.177973           48.81617
2 A01        4.658562            5.794796           64.42450
3 A02        9.991898           10.532001           55.36052
4 A03       31.012396           10.875075           36.40385
5 A04       21.271745            5.927817           44.18504
     （以下略）
```

もし何らかの理由で corpora パッケージをインストールできない場合は，本書付属データの BNCbiber.csv を読み込んでください。

```
> # CSVファイルからのデータ読み込み（BNCbiber.csvを選択）
> BNCbiber <- read.csv(file.choose(), header = TRUE,
+ row.names = 1)
```

BNCbiber データセットでは，各行が個々のテキスト，1列目がテキストのID，2列目以降が個々の言語項目を表しています。今回は，2列目にある過去形

※3　大学のコンピュータなどにインストールする場合は，インストールする権限が与えられていなかったり，インストールしてもログアウト時に消去されてしまう場合もあります（後者の場合は，ログインするたびに，上記のインストール作業を行う必要があります）。
※4　tail 関数を使うと，データの末尾を表示することができます。

の頻度（f_01_past_tense）を使ってヒストグラムを描いてみましょう。R でヒストグラムを作成するときは，hist 関数を使います。

```
> # ヒストグラムの描画
> hist(BNCbiber[, 2])
```

ちなみに，BNCbiber データセットは，**データフレーム**（data frame）というデータの形式（クラス）で保存されています。このようなデータフレーム形式のデータの場合は，BNCbiber[, 2] のように列の番号だけでなく，BNCbiber$f_01_past_tense のように列のラベルでデータの一部を取り出すことができます（データ名 $ 列ラベルという形式で記述します）。

```
> # データのクラスの確認
> class(BNCbiber)
[1] "data.frame"
> # ヒストグラムの描画
> hist(BNCbiber$f_01_past_tense)
```

上記のコードを実行すると，**図 5.3** のようなヒストグラムが得られます。グラフのタイトルや軸のラベルは自動で Histgram of BNC[, 2] などと設定され

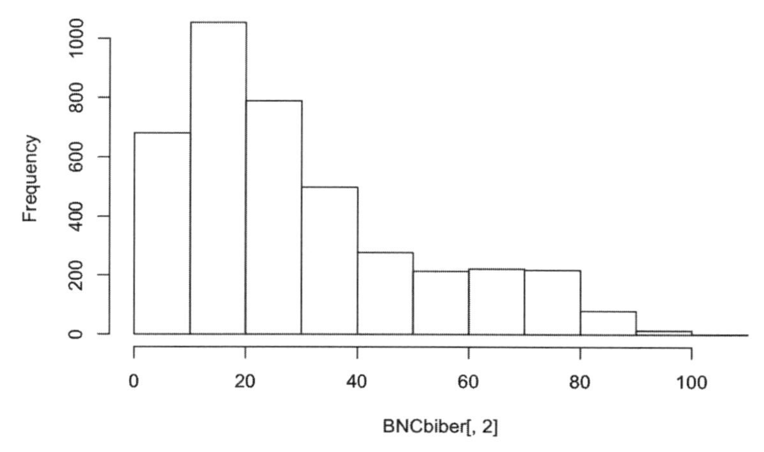

図 5.3　シンプルなヒストグラム

ていますが，これらを変更することも可能です。hist 関数の引数 main でタイトルを，引数 xlab で横軸のラベルを，引数 ylab で縦軸のラベルを変更することができます（**図 5.4**）。

```
> # ヒストグラムのタイトルと軸ラベルを変更
> hist(BNCbiber[, 2], main = "past tense",
+ xlab = "frequency", ylab = "number of texts")
```

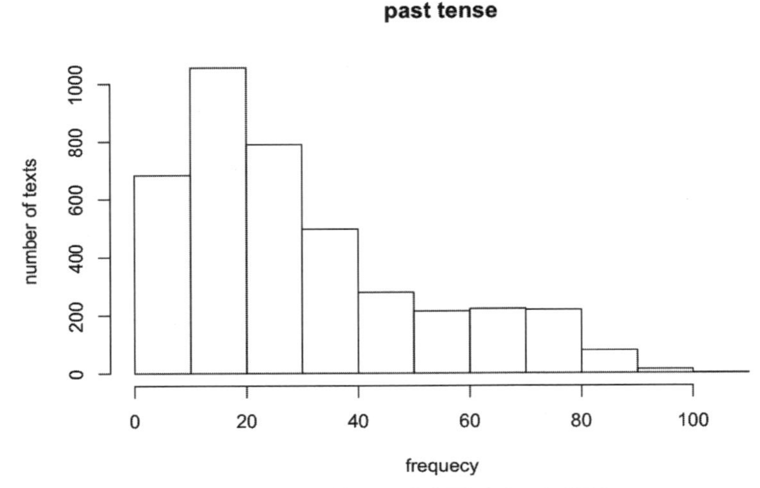

図 5.4　タイトルと軸ラベルを変更したヒストグラム

また，引数 col でグラフの色を変えることもできます。以下の例（**図 5.5**）では grey を指定していますが，他にも様々な色を利用することが可能です。コンソールに colors() と入力すると，数百色のオプションの一覧が表示されます。

```
> # ヒストグラムの色を変更
> hist(BNCbiber[, 2], main = "past tense", xlab = "frequency",
+ ylab = "number of texts", col = "grey")
> # Rで使える色の確認
> colors()
  [1] "white"                  "aliceblue"
  [3] "antiquewhite"           "antiquewhite1"
  [5] "antiquewhite2"          "antiquewhite3"
  [7] "antiquewhite4"          "aquamarine"
```

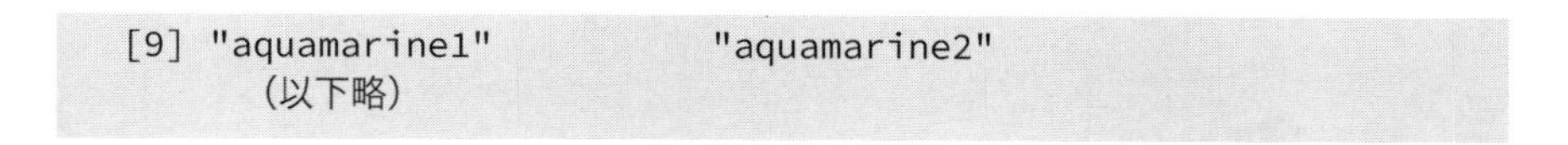

```
[9] "aquamarine1"            "aquamarine2"
      (以下略)
```

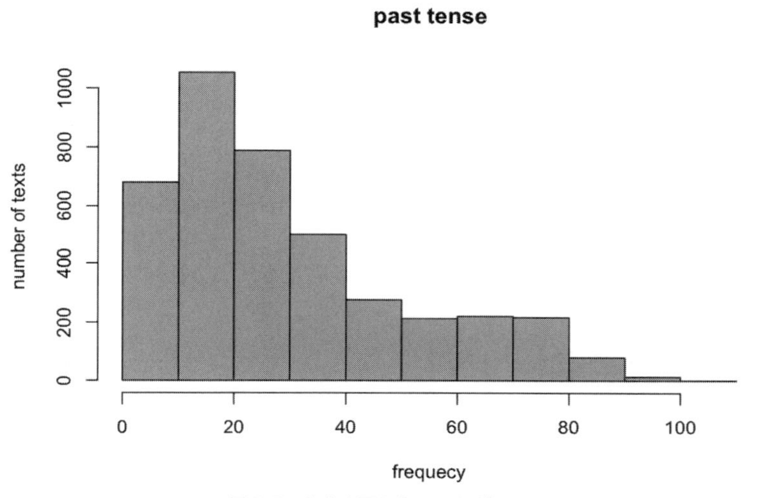

図 5.5　色を変更したヒストグラム

そして，作成した図を画像として保存する場合は，画像が表示されたウィンドウをクリックしたあと，メニューの「ファイル」から「別名で保存」を選んでください。

5.2 箱ひげ図

次に，箱ひげ図について説明します。箱ひげ図では，最小値，下側ヒンジ（中央値よりも小さい値の中央値），中央値，上側ヒンジ（中央値よりも大きい値の中央値），最大値という5つの要約統計量が可視化されるため，データのばらつき具合を直感的に理解することができます。Rで箱ひげ図を描くときは，boxplot関数を使います。**図5.6**は，前節でも用いたBNCbiberデータセットの2列目（f_01_past_tense）の箱ひげ図を描いた結果です（引数rangeについては，後段で説明します）。

```
> # 箱ひげ図の描画
> boxplot(BNCbiber[, 2], range = 0)
```

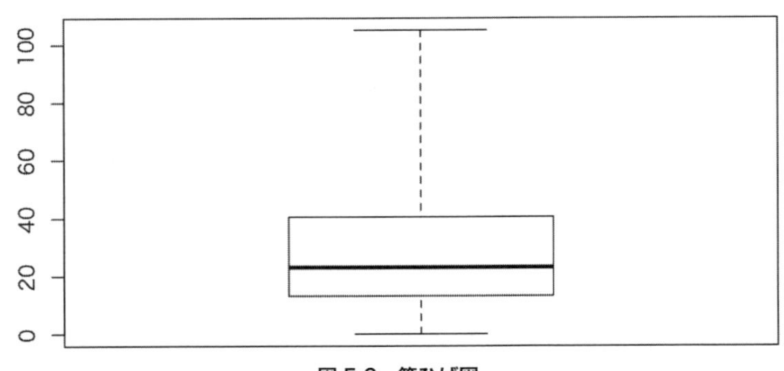

図5.6 箱ひげ図

箱ひげ図の作成に用いられている要約統計量は，boxplot.stats関数で確認することができます。この関数の出力では，$stats における5つの値がそれぞれデータの最小値，下側ヒンジ，中央値，上側ヒンジ，最大値に対応します。

```
> # 箱ひげ図の作成に用いられている要約統計量の確認
> boxplot.stats(BNCbiber[, 2])
$stats
[1]  0.00000 13.18192 23.05965 40.51057 81.43130
        （以下略）
```

ヒストグラムの場合と同様，引数 main でグラフのタイトルを，引数 col で箱の色を変更することができます（**図 5.7**）。

```
> # 箱ひげ図のタイトルと色を変更
> boxplot(BNCbiber[, 2], range = 0, main = "past tense",
+ col = "grey")
```

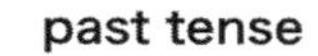

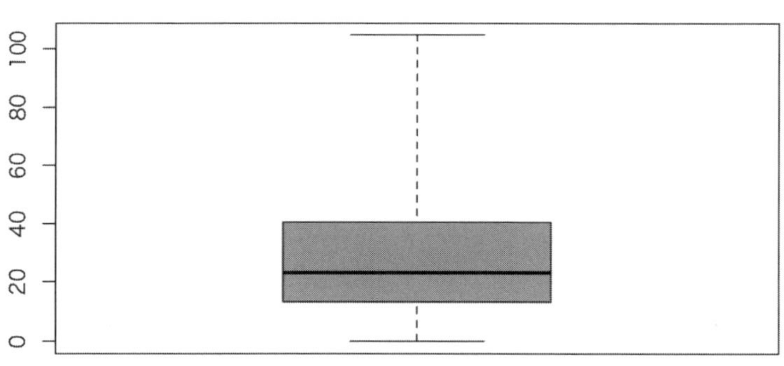

図 5.7　タイトルと色を変更した箱ひげ図

また，boxplot 関数の引数 range を指定しない場合，統計的に外れ値とみなされるデータがひげの上限（もしくは下限）の外側に〇でプロットされます（**図 5.8**）。やや専門的な内容ですが，箱ひげ図における外れ値とは，上側 25% 点 +（上側 25% 点 − 下側 25% 点）× 1.5 よりも大きい値，もしくは，下側 25% 点 −（上

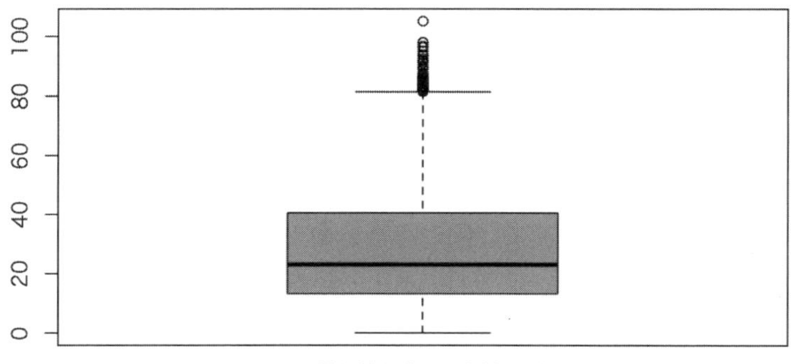

図 5.8　外れ値を表示した箱ひげ図

側 25% 点－下側 25% 点）× 1.5 よりも小さい値，のことです（山本・飯塚・藤野，2013）。

```
> # 箱ひげ図の外れ値を表示
> boxplot(BNCbiber[, 2], main = "past tense", col = "grey")
```

箱ひげ図は，ヒストグラムよりも，複数のグループを比較する場合に便利です。ここでは，本書付属データの pym.csv を使って，箱ひげ図によるグループ比較の例を示します。このデータセットには，Paivio, Juille, and Madigan（1968）によって集計された英語の高頻度名詞 50 種類と低頻度名詞 51 種類に関する情報が含まれています※5。

```
> # CSVファイルからのデータ読み込み（pym.csvを選択）
> pym <- read.csv(file.choose(), header = TRUE, row.names = 1)
```

これで pym データセットが使えるようになりましたので，head 関数を使って冒頭の 5 行を表示してみましょう。

```
> # データの冒頭の5行のみを表示
> head(pym, 5)
       syl let imag conc assoc freq
time     1   4 4.13 2.47  7.00 high
life     1   4 4.07 2.96  6.78 high
home     1   4 6.50 6.25  6.88 high
church   1   6 6.63 6.59  7.52 high
mind     1   4 3.03 2.60  5.88 high
```

boxplot 関数でグループ別の箱ひげ図を描くには，boxplot(可視化するデータ ~ グループ名のデータ) という書式を用います。たとえば，2 列目の名詞に含まれる文字数（let）のデータを使って（高頻度名詞と低頻度名詞という 2 つの）グループ別の箱ひげ図を描く場合は，以下のようなコードを書きます（引数などの設定は，これまでの箱ひげ図の場合と同じです）。このコードでは，引数

※5　このデータセットは，Rling パッケージ（https://benjamins.com/sites/z.195/content/package.html）における pym_high データセットと pym_low データセットを統合したものです。

names を使って，個々の箱ひげ図にラベルを付けています。そして，その結果が図 **5.9** です。

```
> # グループ別の箱ひげ図の描画
> boxplot(pym[, 2] ~ pym[, 6], names = c("high", "low"),
+ col = "grey")
```

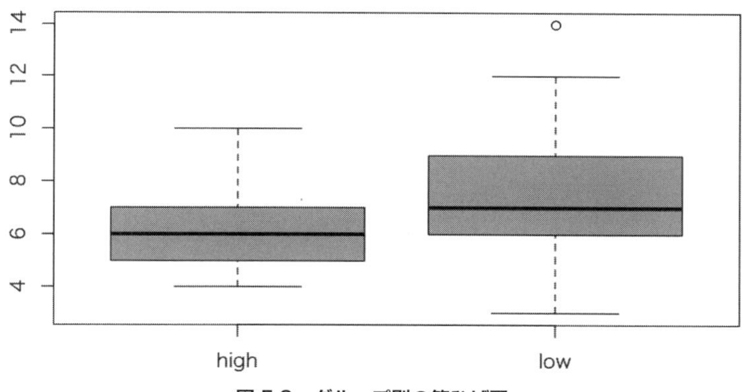

図 5.9　グループ別の箱ひげ図

また，boxplot 関数の引数 notch で TRUE を指定すると，箱ひげ図の箱にノッチ（V 字の切り込み）が入ります。この切り込みの両端は，データの中央値 ± 1.58 ×（上側 25% 点 − 下側 25% 点）/ データの個数の平方根，の値となります（山本・飯塚・藤野，2013）。2 つの箱ひげ図を比較するとき，この切り込みがオーバーラップしていなければ，その 2 つのグループの間に統計的に有意味な中央値の差がある，ということになります※6。図 **5.10** は，ノッチ入りの箱ひげ図を描いた結果です。

```
> # ノッチのある箱ひげ図の描画
> boxplot(pym[, 2] ~ pym[, 6], names = c("high", "low"),
+ col = "grey", notch = TRUE)
```

※6　厳密にいえば，箱ひげ図のノッチがオーバーラップしていても有意差が存在する場合もあります。したがって，ノッチはあくまで目安だと考えてください。詳しくは，boxplot 関数および boxplot.stats 関数のヘルプなどを参照してください。

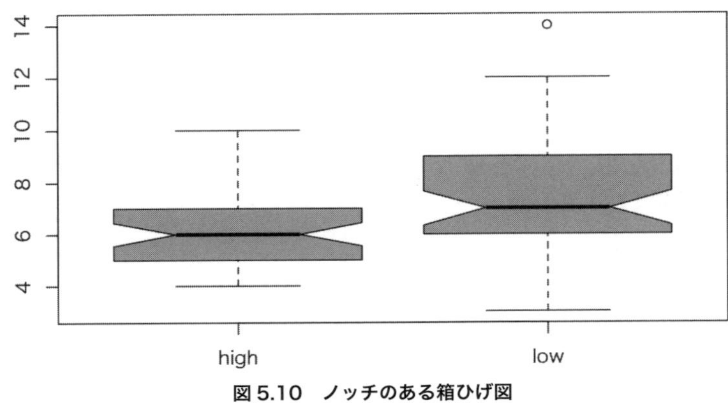

図5.10 ノッチのある箱ひげ図

前述のように，箱ひげ図では，最小値，下側25%点，中央値，上側25%点，最大値という5つの要約統計量に情報が圧縮されているために，データの分布に関する詳細な情報は失われています。しかし，beeswarmパッケージ※7の beeswarm関数を使って，箱ひげ図の上に個々のデータの分布を重ねて描くことができます。この可視化手法は，各グループのデータ数が100程度までであれば，極めて有効です。なお，beeswarm関数の引数pchは個々の点の形を表し（5.4節で説明します），引数addでTRUEを指定すると，図を重ねて描くことが可能になります。**図5.11**は，名詞に含まれる文字数のデータを使って，箱ひげ図の上に個々のデータの分布を重ねて描いた結果です。

```
> # 追加パッケージのインストール（初回のみ）
> install.packages("beeswarm", dependencies = TRUE)
> # 追加パッケージの読み込み（Rを起動するごとに毎回）
> library(beeswarm)
> # 箱ひげ図の上に個々のデータの分布を重ねて描画
> boxplot(pym[, 2] ~ pym[, 6], names = c("high", "low"),
+ col = "grey")
> beeswarm(pym[, 2] ~ pym[, 6], col = "black", pch = 16,
+ add = TRUE)
```

※7　https://CRAN.R-project.org/package=beeswarm

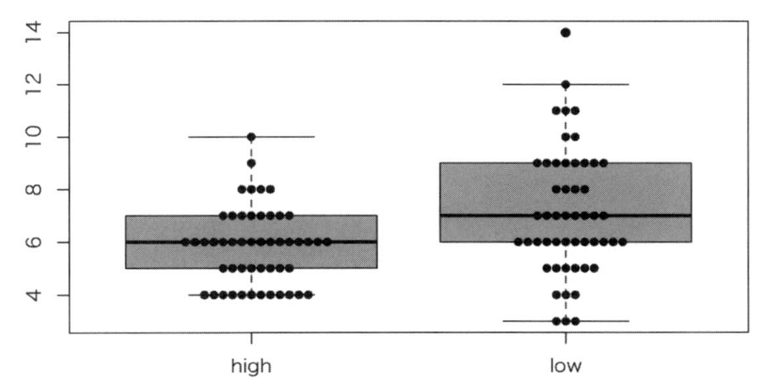

図 5.11 個々のデータの分布を重ねた箱ひげ図

ちなみに，**ヴァイオリンプロット**（violin plot）という可視化手法を用いると，前節で扱ったヒストグラムの特性と，本節で扱った箱ひげ図の特性を両方兼ね備えたグラフを描くことができます※8。R でヴァイオリンプロットを描くには，vioplot パッケージ※9 の vioplot 関数を用います。関数の書式が少し変わっていますが，最初に，pym[1 : 50, 2]，pym[51 : 101, 2] のようにグループ別のデータを個別に列挙し，次に，names = c("high", "low") のように各グループのラベルを入力し，最後に，col = "grey" のように色を指定します（何か疑問に思ったら，vioplot 関数のヘルプを参照してください）。**図 5.12** は，名詞に含まれる文字数のデータを使って，ヴァイオリンプロットを描いた結果です。

```
> # 追加パッケージのインストール（初回のみ）
> install.packages("vioplot", dependencies = TRUE)
> # 追加パッケージの読み込み（Rを起動するごとに毎回）
> library(vioplot)
> # ヴァイオリンプロットを描画
> vioplot(pym[1 : 50, 2], pym[51 : 101, 2],
+ names = c("high", "low"), col = "grey")
```

※8 ヒストグラムと箱ひげ図を同時に描く関数として，UsingR パッケージ（https://CRAN.R-project.org/package=UsingR）の simple.hist.and.boxplot 関数があります。しかし，この関数では，1 回の処理で 1 つのグループしか描画できません。

※9 https://CRAN.R-project.org/package=vioplot

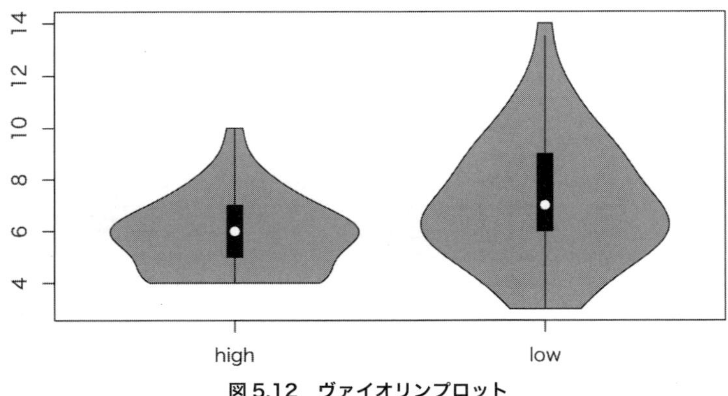

図 5.12　ヴァイオリンプロット

図 5.12 のヴァイオリンプロットを見てください。各グループの中央にある○が中央値，その周りの箱と上下に伸びる線が箱ひげ図に対応しています。また，左右に広がるグレーの山がヒストグラムに相当します※10。

ヴァイオリンプロットが箱ひげ図よりも優れている点は，多峰性分布（ピークが2つ以上ある分布）の特徴を正しく把握できることです。**図 5.13** を見てください。一番左のヒストグラムを見ると，このデータのピークは2箇所あります。そして，中央の箱ひげ図がピークの数や分布の形状に関する情報を提示できないのに対して，一番右のヴァイオリンプロットはピークが2箇所存在することを表現できています。もちろん，箱ひげ図に個々のデータの分布を重ねて描くことは可能ですが，データの数が多いときには有効ではありません（データの点が背後の箱ひげ図を覆い隠してしまいます）。

本節では，データのばらつきを可視化するための方法をいくつか紹介してきました。一体どれを使えばよいのかと迷われる方もいるかもしれません。どれを使うべきかは，分析の目的と分析者の好みによります。ただ，個人的には，データの数がそれほど多くない場合には，個々のデータの分布を重ねた箱ひげ図（図 5.11），データの数が多い場合はヴァイオリンプロット（図 5.12）をおすすめします。

※10　データの分布を表現するのにカーネル密度推定（Kernel density estimation）という手法が使われているため，ヒストグラムのようなデコボコではなく，なめらかな曲線となっています。ちなみに，`beanplot` パッケージ（https://CRAN.R-project.org/package=beanplot）の `beanplot` 関数を用いると，ヴァイオリンプロットとよく似たビーンプロット（bean plot）というグラフを描くことができます。

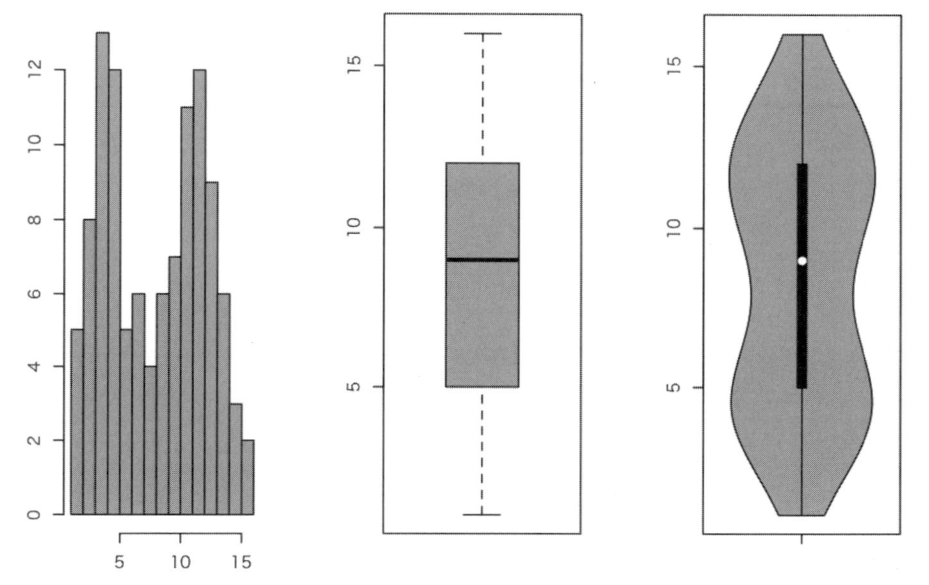

図 5.13　ヒストグラム，箱ひげ図，ヴァイオリンプロットによる多峰性分布の可視化

5.3　モザイクプロット

テキストマイニングでは，複数のテキストやグループを比較することが多くあります。たとえば，男性と女性では，アンケートの自由回答記述における常体（だ，である調）と敬体（です，ます調）の使用率に違いがあるかもしれません。また，ブログ記事では，新聞記事よりも書き手の評価や意見を表す形容詞や副詞が多く用いられている可能性があります。このようなテキスト（もしくはグループ）×言語項目の分析を行う場合，**表 5.1** のような**クロス集計表**（cross-tabulation table）が用いられます（この例では行ラベルに性別，列ラベルに文体という形式になっていますが，行と列を逆にした表にしても構いません）。

表 5.1　クロス集計表（性別 × 文体）

	常体	敬体
男性	96	54
女性	52	48

クロス集計した結果を可視化するときは，**モザイクプロット**（mosaic plot）が有効です。R でモザイクプロットを描く方法は複数存在しますが，ここでは，mosaicplot 関数を用います。以下は，表 5.1 のクロス集計表をモザイクプロットで表現した例です。

```
> # クロス集計表の準備
> cross.tab <- matrix(c(96, 54, 52, 48), nrow = 2, ncol = 2,
+ byrow = TRUE)
> rownames(cross.tab) <- c("Male", "Female")
> colnames(cross.tab) <- c("Jotai", "Keitai")
> # クロス集計表の確認
> cross.tab
       Jotai Keitai
Male      96     54
Female    52     48
> # モザイクプロットを描画
> mosaicplot(cross.tab)
```

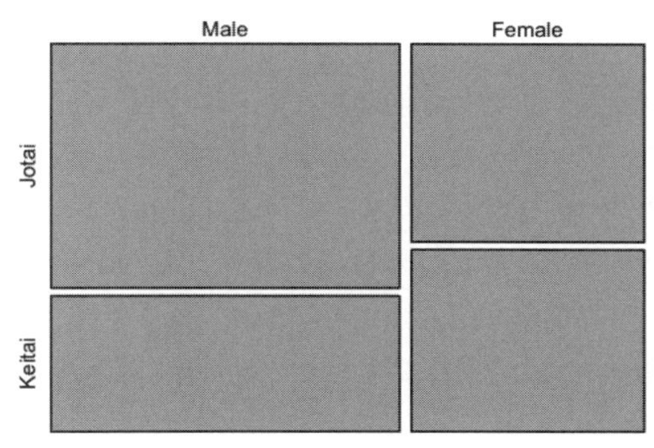

図 5.14　モザイクプロット（cross.tab）

モザイクプロットでは，クロス集計表における個々のセルの頻度が頻度の合計に占める割合と，そのセルの項目がプロットで占めている面積が対応しています。たとえば，**図 5.14** を見ると，常体の面積の方が大きいので，男性（Male）と女性（Female）の両方が敬体（Keitai）よりも常体（Jotai）を多く使用していることがわかります。また，横軸に注目すると，男性の幅の方が広いため，男性の方が女性よりも人数が多いことがわかります。データの比率を可視化する場合，**図 5.15** のような**積み上げ棒グラフ**（stacked bar graph）が用いられることもあります。しかし，性別の比率と文体の比率を同時に可視化したいときは，積み上

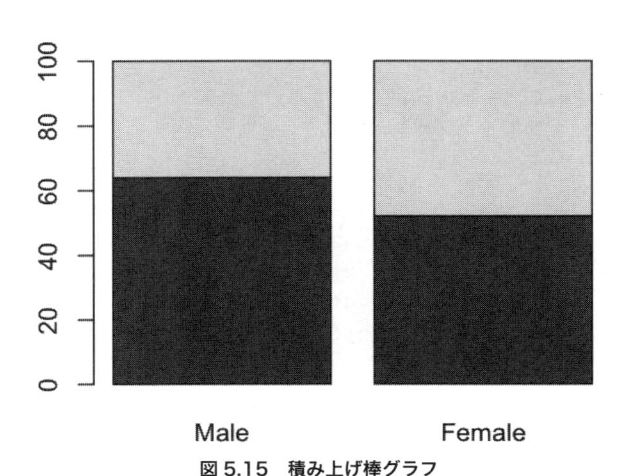

図 5.15　積み上げ棒グラフ

げ棒グラフよりもモザイクプロットの方が優れています（図5.15では，文体の比率が表現されているものの，男女の比率は表現されていません）※11。

なお，モザイクプロットは，行や列が3つ以上あるクロス集計表に対して適用することもできます。以下の例では，textometryパッケージ※12のrobespierreデータセットを使います。このデータセットは，フランスの政治家マクシミリアン・ロベスピエール（Maximilien François Marie Isidore de Robespierre）の演説から5つの単語の頻度（de，peuple，republique，ennemi，patrie）を集計したものです。なお，ここでは，「それ以外の単語の頻度の合計」（others）という行をデータから除外します。

```
> # 追加パッケージのインストール（初回のみ）
> install.packages("textometry", dependencies = TRUE)
> # 追加パッケージの読み込み（Rを起動するごとに毎回）
> library(textometry)
> # データセットの準備
> data(robespierre)
> # データセットの確認
> robespierre
             D1   D2   D3   D4   D5   D6   D7   D8   D9   D10
de          464  165  194  392  398  235  509   96   58   662
peuple       45   18   15   14   53   30   42   16    4    59
republique   35   10   16   29   29    9   21   14    2    42
ennemi       30   13   11   19   22   10   16    7    2    35
patrie        6    5   16    8   23   10   35    8    3    39
others     7815 2347 3668 6441 7371 4261 9519 1922 1015 13096
> # データ最終行の削除
> robespierre.2 <- robespierre[-6, ]
> # 修正したデータセットの確認
> robespierre.2
             D1   D2   D3   D4   D5   D6   D7   D8   D9   D10
de          464  165  194  392  398  235  509   96   58   662
peuple       45   18   15   14   53   30   42   16    4    59
republique   35   10   16   29   29    9   21   14    2    42
ennemi       30   13   11   19   22   10   16    7    2    35
patrie        6    5   16    8   23   10   35    8    3    39
```

※11　ちなみに，Rで棒グラフを描く場合は，barplot関数を使います。ただし，棒グラフは，インクの使用量に対して得られる情報量が少ないため，科学ではあまり用いられません（奥村，2016）。

※12　https://CRAN.R-project.org/package=textometry

```
> # モザイクプロットを描画
> mosaicplot(robespierre.2)
```

もし何らかの理由で textometry パッケージをインストールできない場合は，本書付属データの robespierre.csv を読み込んでから描画してください。

```
> # CSVファイルからのデータ読み込み（robespierre.csvを選択）
> robespierre <- read.csv(file.choose(), header = TRUE,
+ row.names = 1)
> # データ最終行の削除
> robespierre.2 <- robespierre[-6, ]
> # モザイクプロットを描画
> mosaicplot(robespierre.2)
```


図 5.16 は，上記の robespierre.2 を使ってモザイクプロットを描いた結果です。この図では，D1 ～ D10 が個々の演説を表しています。

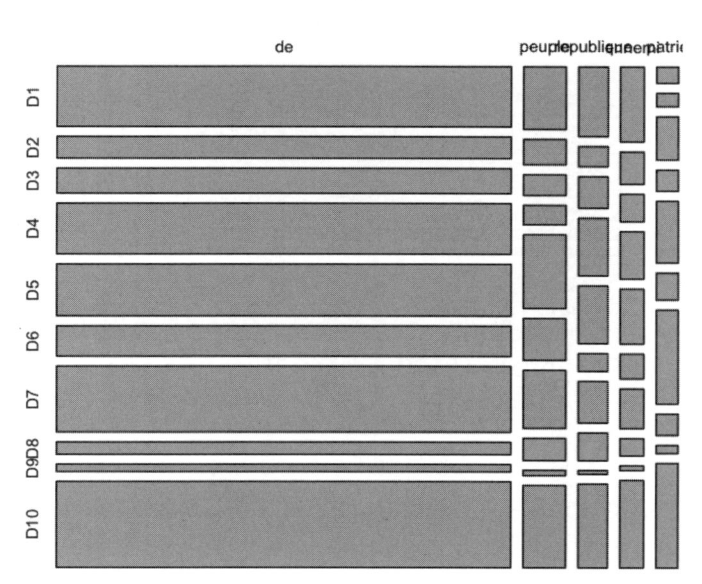

図 5.16　モザイクプロット（robespierre.2）

図 5.16 のように，ラベルが重なってしまう場合は，ラベルの向きを変えるために，引数 las で 2 を指定するとよいでしょう（las = 0 とするとラベルが各軸に並行して描かれ，las = 1 とするとラベルが全て水平に描かれ，las = 2 とするとラベルが軸に対して垂直に描かれ，las = 3 とするとラベルが全て垂直に描かれます）。**図 5.17** は，ラベルの向きを変更した結果です。

```
> # ラベルの向きを変更
> mosaicplot(robespierre.2, las = 2)
```

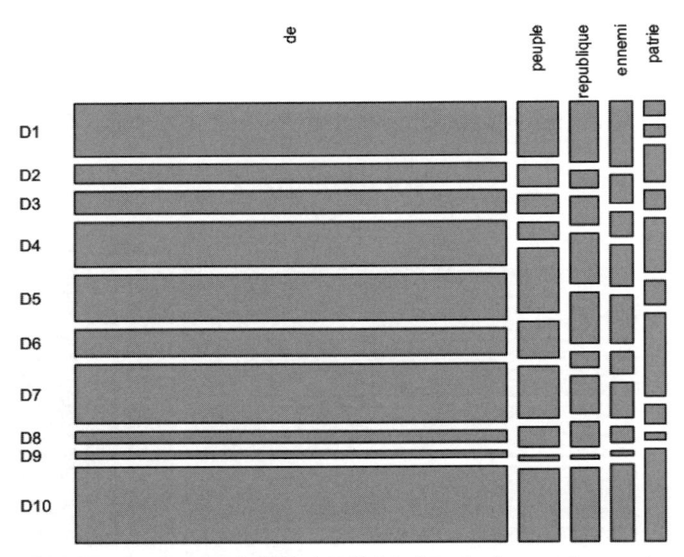

図 5.17　ラベルの向きを変更したモザイクプロット（robespierre.2）

本節で扱ったようなクロス集計表の統計処理については，8.2 節などで詳しく説明します。そこで検定などの統計処理を学ぶことで，クロス集計表における数値にどれぐらいの差があったら統計的に有意味な差とみなせるのか，などを明らかにすることができるようになります。

5.4 散布図

散布図（scatter plot）は，2つのデータの関連性を把握するために用いるグラフ形式です。つまり，散布図では，2次元データ（2変量データ）が可視化されます。ここでは，本書付属データのFPP.csvを使って，インターネットにおける単語の頻度とコーパスにおける単語の頻度の関連性を探ってみます。このデータセットは，中尾（2010）によって作成されたもので，Google，Yahoo，Bingの3種類の検索エンジン，そして，日本語書き言葉均衡コーパス（BCCWJ）を用いて21種類の1人称代名詞（私，僕，俺など）を集計したものです[※13]。FPP.csvには日本語が含まれているため，以下のように，文字コード（cp932）を指定してファイルを読み込みます。

```
> # CSVファイルからのデータ読み込み（FPP.csvを選択）
> FPP <- read.csv(file(file.choose(), encoding = "cp932"),
+ header = TRUE, row.names = 1)
```

これでFPPデータセットが使えるようになりましたので，head関数を使って冒頭の5行を表示してみましょう。

```
> # データの冒頭の5行のみを表示
> head(FPP, 5)
       Google  Yahoo   Bing  BCCWJ
私      18.08  20.49  17.87  10.37
僕      16.85  19.08  16.15   8.25
俺      16.72  18.77  15.95   7.47
儂      10.65  12.71   9.79   3.50
わたし  15.87  18.07  15.52   8.28
```

Rで散布図を描くには，plot関数を使います。そして，plot(横軸のデータ, 縦軸のデータ)という書式でコードを書きます。以下の例では，横軸に1列目のGoogle，縦軸に4列目のBCCWJを指定しています。

※13　このデータセットでは，非常に高頻度な1人称代名詞の影響を緩和するために，観測頻度が対数変換されています（中尾，2010）。

```
> # 散布図を描画
> plot(FPP[, 1], FPP[, 4])
```

上記のコードを実行すると，**図 5.18** のような散布図が表示されます。この図を見ると，Google で高い頻度の単語が BCCWJ でも高い頻度であることがわかります（このような２つのデータの関連性の強さを統計的に調べる方法については，8.2 節で説明します）。

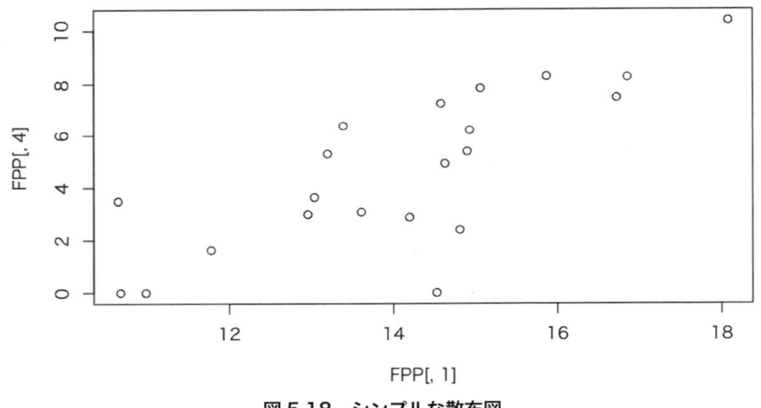

図 5.18　シンプルな散布図

他のグラフ形式と同じく，`plot` 関数にも様々なオプションが用意されています。以下の例では，引数 `main` でグラフのタイトル，引数 `xlab` で横軸のラベル，引数 `ylab` で縦軸のラベルを変更しています（**図 5.19**）。

```
> # 散布図の引数を指定
> plot(FPP[, 1], FPP[, 4], main = "FPP", xlab = "Google",
+ ylab = "BCCWJ")
```

そして，引数 `cex` でプロットする点の大きさを，引数 `pch` で点の種類を変えることができます（**図 5.20**）。引数 `cex` は，デフォルトの大きさの何倍にしたいかを指定するもので，`cex = 0.5` ならば 0.5 倍（半分）の大きさ，`cex = 1.2` ならば 1.2 倍の大きさの点がプロットされます。また，引数 `pch` では，**表 5.2** のような点のタイプを指定することが可能です（いくつか同じに見えるものもあ

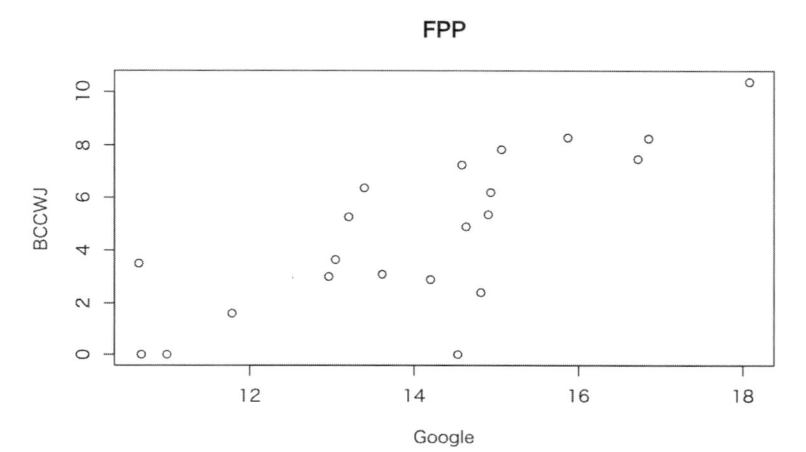

図 5.19　グラフのタイトル，横軸のラベル，縦軸のラベルを変更した散布図

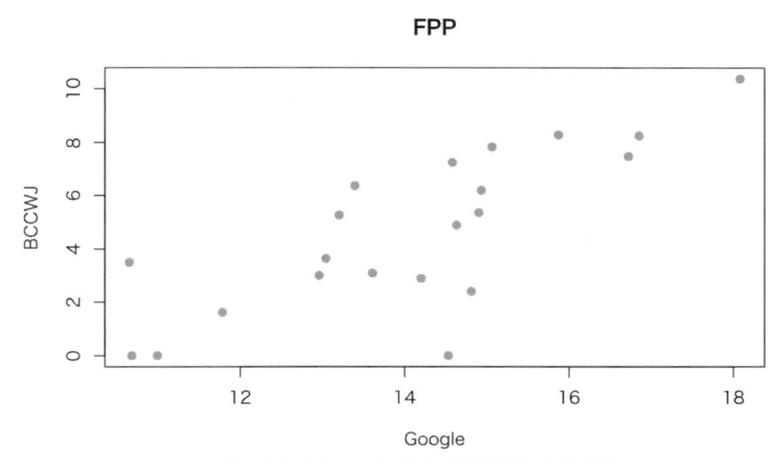

図 5.20　点の大きさとタイプと色を変更した散布図

表 5.2　**plot** 関数の引数 **pch** で指定できる点のタイプ

0	1	2	3	4	5	6	7	8	9	10	11	12
13	14	15	16	17	18	19	20	21	22	23	24	25

りますが，21 番目以降は，引数 bg で図形の中を塗りつぶす色を別途指定することができるなどの違いがあります)。さらに，引数 col で点の色を変更することもできます。それ以外にも，plot 関数には多くの引数が用意されていますので，詳しくは関数のヘルプを参照してください。なお，オプショナルな（指定してもしなくてもよい）引数に関しては，どのような順番で指定しても問題ありません。

```
> # 点の大きさとタイプと色を指定（図5.20）
> plot(FPP[, 1], FPP[, 4], main = "FPP", xlab = "Google",
+ ylab = "BCCWJ", cex = 1.2, pch = 16, col = "grey")
```

もう一歩先へ

最後に，発展的な可視化方法を 2 つ紹介します。1 つ目の発展的な可視化は，箱ひげ図付きの散布図です。R では，car パッケージ[※14] の scatterplot 関数を使うことで，散布図の各軸の脇に箱ひげ図を描くことが可能です（**図 5.21**）。引数 xlab と引数 ylab の使い方は，plot 関数と同じです。また，scatterplot 関数ではデフォルトで回帰直線などが描かれるため，引数 smoother と引数 reg.line で FALSE を指定し，非表示にしています（回帰直線については，8.2 節で説明します）。

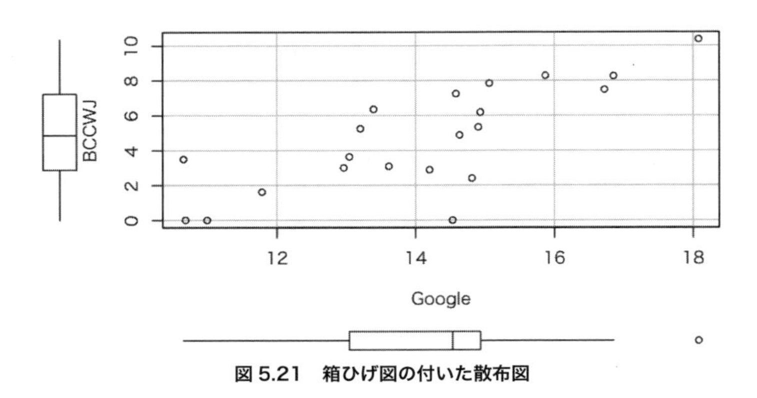

図 5.21　箱ひげ図の付いた散布図

※ 14　https://CRAN.R-project.org/package=car

```
> # 追加パッケージのインストール（初回のみ）
> install.packages("car", dependencies = TRUE)
> # 追加パッケージの読み込み（Rを起動するごとに毎回）
> library(car)
> # 散布図と箱ひげ図を同時に描画
> scatterplot(FPP[, 1], FPP[, 4], xlab = "Google",
+ ylab = "BCCWJ", smoother = FALSE, reg.line = FALSE)
```

2つ目の発展的な散布図は，**散布図行列**（scatter plot matrix）です。散布図行列とは，対散布図とも呼ばれ，複数のデータによる全ての組み合わせの散布図を同時に描いたものです。Rで散布図行列を作成する方法は複数ありますが，ここでは，pairs関数を用いて，FPPデータセットにおけるGoogle（1列目），Yahoo（2列目），Bing（3列目），BCCWJ（4列目）のデータの散布図行列を描画します※15。**図5.22**は，その結果です。

```
> # 散布図行列を描画
> pairs(FPP)
```

図5.22には，12個の散布図が含まれています。個々の散布図は，その行に名前が書かれているデータと，その列に名前が書かれているデータから作成されたものです。たとえば，1行目の2列目の散布図は，GoogleとYahooによる散布図です。同様に，その右隣にある散布図は，GoogleとBingによる散布図となります（したがって，散布図行列における右上の三角形と左下の三角形の領域には，同じ散布図が2つずつ含まれています）。このように全てのデータの組み合わせの散布図を一度に眺めることで，データセット全体の性質を概観することができます。

Rでは，本章で紹介したもの以外にも，数多くの可視化手法が利用できます。それらについて日本語で比較的コンパクトにまとまっている参考文献としては，山本・飯塚・藤野（2013），あるいは石田（2016）の第12～13章を挙げることができます。また，何を可視化すべきか，どのようなときにどのように可視化す

※15 psychパッケージ（https://CRAN.R-project.org/package=psych）のpairs.panels関数やGGallyパッケージ（https://CRAN.R-project.org/package=GGally）のggpairs関数を用いると，より情報量の多い散布図行列を簡単に作成することができます。

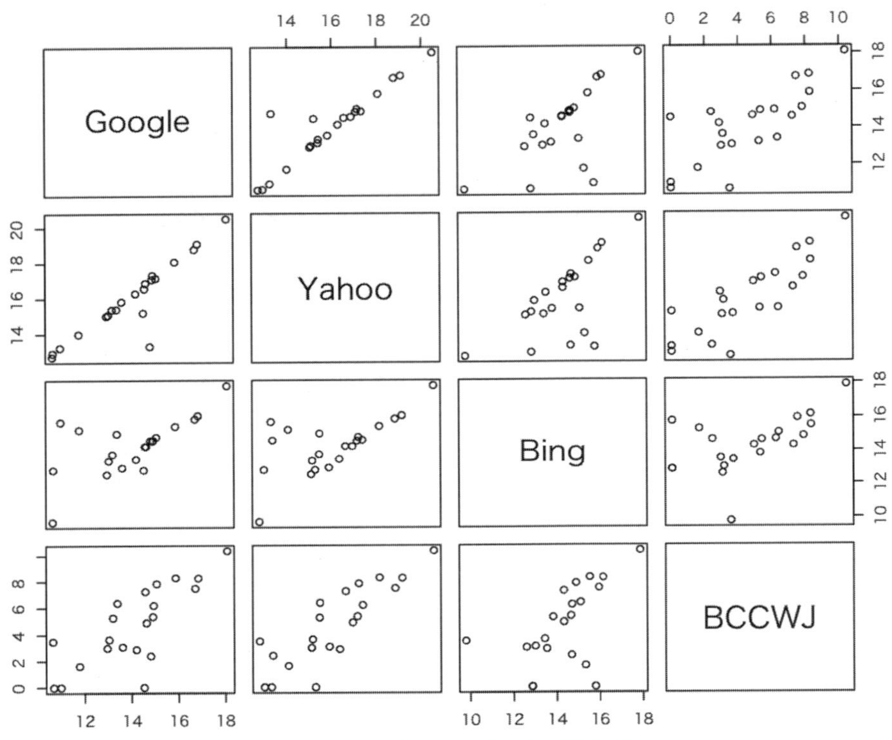

図 5.22　グループの情報を表示した散布図行列

べきか，などについて基礎からきちんと学びたい場合は，上田（2005）や森藤・あんちべ（2014）がおすすめです。

Column … ggplot2

ggplot2[※16] は，現在最も広く利用されているグラフィックス関連の R パッケージです。このパッケージでは，グラフィックスの文法（grammar of graphics）という思想に基づいて設計されており，非常に美しいグラフを合理的に描くことができます。本書で紹介した標準的なグラフィックス関連の関数とは書式がかなり異なるため，最初は戸惑うかもしれません。しかし，いったんマスターすれば，研究論文や報告書などにそのまま掲載できるほどに見栄えのよい図を作成することが可能です。ggplot2 に関する書籍としては，Wickham（2016）や Chang（2012）などがあります。

※16　https://CRAN.R-project.org/package=ggplot2

Part Ⅲ
実践編

6

第6章 基本的なテキスト分析

6.1 形態素解析

言語学において，形態素とは「意味を持つ最小の単位」で，それ以上分解したら意味をなさなくなるところまで分割された単位であると定義されます。つまり，「形態素」は「単語」と異なります。たとえば，「タツノオトシゴ」は，トゲウオ目ヨウジウオ科タツノオトシゴ属に分類される魚類の総称で，それ自体が1つの単語です。そして，この単語は，「タツ」（竜），「ノ」（の），「オトシ」（落し），「ゴ」（子）という「意味を持つ最小の単位」である「形態素」に分解することができます。しかし，自然言語処理の分野において，「形態素」という用語は，「単語」の同義語として扱われることが多いです※1。そこで本書でも，「形態素解析」などの専門用語に言及する場合を除いて，多くの人に馴染みのある「単語」という用語を主に使用します。

日本語の形態素解析では，単語単位への分割，品詞情報の付与，単語の原形の復元，という3つの処理が行われます（奥村，2010）。まず，日本語の文では単語と単語の間に空白が存在しないため，どこからどこまでが1つの単語なのか，が明確ではありません。コンピュータが処理しやすいように，文を単語ごとに分割する処理を**分かち書き**（tokenization）と呼びます。2.2節の例を再掲すると，「私は猫を飼っていました」という文を「私／は／猫／を／飼っ／て／い／まし／た」のように1語ずつ分割するのが分かち書きです。また，「私」が代名詞で「は」が「助詞」であるなどと特定するのが**品詞情報の付与**（part-of speech tagging）で，「まし」の基本形は「ます」であると同定するのが**原形の復元**（lemmatization）です。

形態素解析で問題になるのは，どのような単位で分かち書きをするか，という

※1　工学の下位分野である自然言語処理における「形態素」という用語の使い方は「言語学的には適切でない」と指摘する言語学者も存在します（山崎・前川，2014, p.17）。

点です。先ほどの「タツノオトシゴ」は1語とみなした方がよさそうですが,「国立大学法人大阪大学」の場合はどうでしょうか。「国立大学法人大阪大学」という1語でしょうか,「国立大学法人」と「大阪大学」という2語でしょうか,それとももっと多い数の単語からなっているでしょうか。ここで注意しなければいけないのは,どれか1つの分割方法が正しくて,それ以外の分割方法が間違っている,と考えるのは適切ではないということです。何らかの明確な基準に準拠した方法であれば,どのように分かち書きをしても構いません。ただ,1つの単語に適用した基準は,他の似たような単語にも同様に適用しなければなりません。たとえば,「大阪大学」を「大阪」と「大学」に分けるのであれば,「東京大学」も「東京」と「大学」に分けなければなりません。これを口で言うのは簡単ですが,このような処理を徹底するのは,(人間にとっても,コンピュータによっても)非常に難しいことです[※2]。

また,文法的に正しい分割方法が複数存在する場合は,正しい形態素解析結果を得るために,単語の意味や文脈を考慮しなければなりません。たとえば,「うらにわにはにわとりがいる」という文には,「裏庭／には／鶏／が／いる」と分割するか,それとも「裏庭／には／二／羽／トリ／が／いる」と分割するか,などの様々な分かち書きの候補があります[※3]。また,「じわる」(面白さなどがじわじわと感じられる)のような新しい表現や,「wktk」(わくわくしている様子)のようなネットスラング,「喜連瓜破」(きれうりわり＝大阪の地名)のような難読語などがテキストに出現した場合は,それらの未知語にも対処しなければなりません。現実の世界には,「モーニング娘。」という固有名詞のように,「。」が文末を表す記号ではなく,単語の一部であるという手強い用例も存在します[※4]。

一般的な形態素解析器の精度は90～98％であるといわれますが,それは新聞などの「綺麗な」テキストを解析した場合の精度であることが多いため,特殊な言語使用を含むテキストの場合は若干精度が低下します。したがって,コンピュータによる形態素解析を用いる場合は,解析結果を自分の目で確認することが重要です。分析テキストにおいて非常に重要な単語が誤って解析されているときは,テキストエディタの正規表現などを使って修正しましょう(1つずつ手で直して

※2　形態素解析における分割基準について詳しく知りたい場合は,小椋(2014)などを参照してください。
※3　https://ja.wikipedia.org/wiki/形態素解析
※4　形態素解析を工学的に実現する方法については,小木曽(2014)などを参照してください。

いくと，用例を見落とす可能性があります）。また，解析結果を手作業で訂正する場合，先ほどの「大阪大学」と「東京大学」の例のように，処理の整合性にも十分な注意を払ってください。

現在，多くの形態素解析器が公開されています。その中では，ChaSen※5，MeCab※6，Juman※7 などが比較的有名です。これらのツールは，基本的に，Windows のコマンドプロンプトや Mac のターミナルのような CUI 環境で利用するものです。ただ，コマンド操作に馴染みのないユーザーのために，マウス操作で ChaSen が使える WinCha※8（Windows 版のみ）のような GUI ツールも存在します。**図 6.1** は，WinCha の解析画面です。WinCha の解析結果は，テキストファイルとして保存することが可能です。そして，その結果を R に読み込ませることで，様々なテキスト分析を行うことができます（その方法については，石田・小林（2013）を参照してください）。

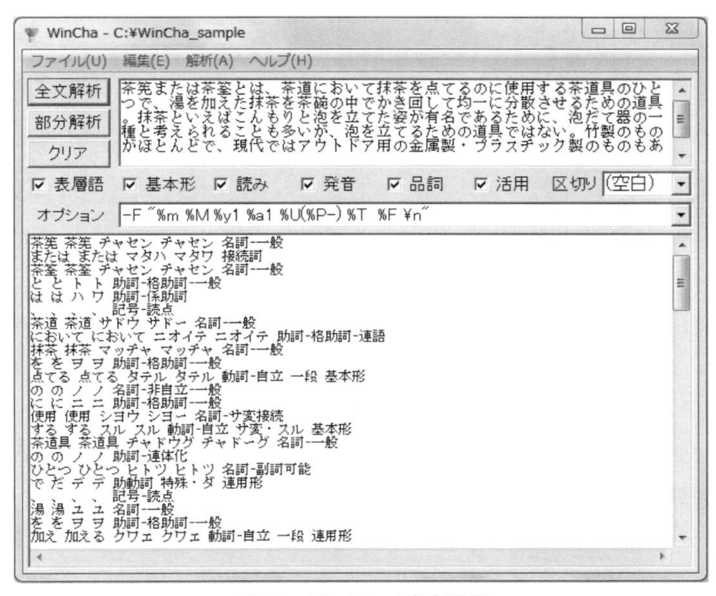

図 6.1　WinCha の解析画面

※5　http://chasen-legacy.osdn.jp/
※6　http://taku910.github.io/mecab/
※7　http://nlp.ist.i.kyoto-u.ac.jp/index.php?JUMAN
※8　http://chasen.naist.jp/hiki/ChaSen/?%C3%E3%E4%A5%A4%CE%C7%DB%C9%DB

また，Web 茶まめ※9 を使うと，インターネット上で MeCab を利用することができます。このツールでは，形態素解析に用いる辞書を切り替えることで，歴史的な資料などの古い日本語を解析することも可能です（**図 6.2**）。

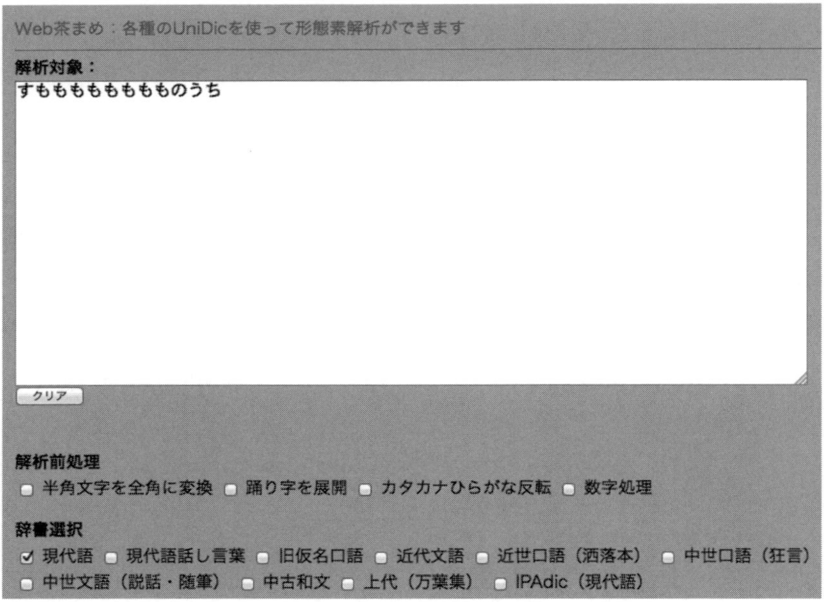

図 6.2　Web 茶まめの解析画面

本書では，R の RMeCab というパッケージ（石田，2008; 石田・小林，2013）を用いて，形態素解析を行います。このパッケージは，単に R 上で MeCab を使えるようにするだけでなく，語彙頻度表の作成や共起語の抽出といった多様なテキスト分析を可能にしてくれます。ただ，RMeCab というパッケージは，CRAN（4.1 節参照）で公開されていませんので，作成者のウェブサイト※10 から直接ダウンロードしてください。インストールの仕方は，Windows の場合と Mac の場合で異なりますので，ウェブサイトの説明をよく読んでください。

※9　http://chamame.ninjal.ac.jp/
※10　http://rmecab.jp/wiki/index.php?RMeCab

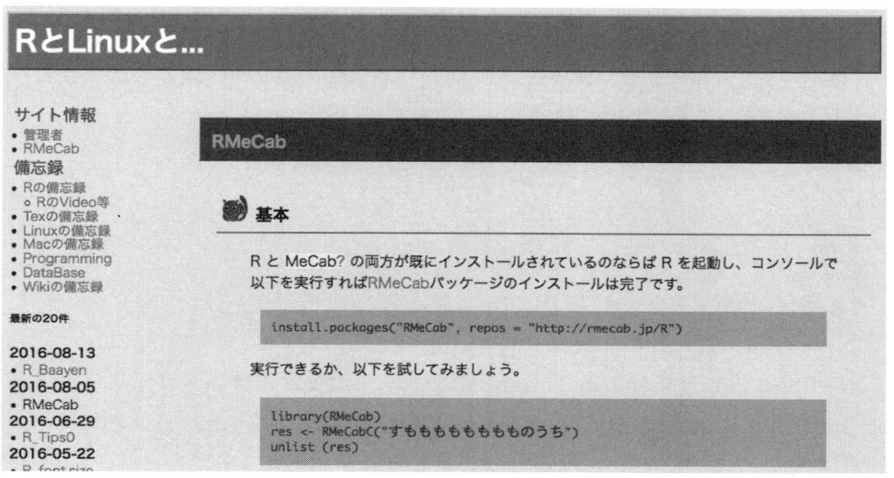

図 6.3 RMeCab の公開ページ

インストールができたら，RMeCab を使って形態素解析をしてみましょう。まず，長いテキスト全体などではなく，短い文章を解析する場合は，RMeCabC 関数を使います。

```
> # 追加パッケージの読み込み（Rを起動するごとに毎回）
> library(RMeCab)
> # 短い文章の形態素解析
> RMeCabC("すもももももももものうち")
[[1]]
    名詞
"すもも"

[[2]]
助詞
"も"

[[3]]
  名詞
"もも"

[[4]]
助詞
"も"
```

```
[[5]]
  名詞
"もも"

[[6]]
助詞
"の"

[[7]]
  名詞
"うち"
```

RMeCabC関数を実行すると，上記のように，形態素解析結果がリスト形式で返されます。これを見ると，「すもももももももものうち」という文が「すもも／も／もも／も／もも／の／うち」と，正しく分かち書きされています。続けて，unlist関数を使うと，解析結果を単語ベクトル（分かち書きされた単語がベクトルの形式になっているデータ）に変換することができます。

```
> RMeCabC.result <- RMeCabC("すもももももももものうち")
> # データ形式の確認
> class(RMeCabC.result)
[1] "list"
> # データ形式の変換
> RMeCabC.result.2 <- unlist(RMeCabC.result)
> RMeCabC.result.2
    名詞      助詞       名詞       助詞       名詞       助詞       名詞
"すもも"     "も"    "もも"       "も"    "もも"       "の"     "うち"
> # データのクラスの確認
> class(RMeCabC.result.2)
[1] "character"
```

形態素解析結果の一部だけを利用したい場合は，以下のように，番号で指定します。たとえば，1単語目のみにアクセスしたいときはRMeCabC.result.2[1]，1単語目から3単語目にアクセスしたいときはRMeCabC.result.2[1 : 3]のように書きます。

```
> # 解析結果の一部のみを表示
> RMeCabC.result.2[1]
    名詞
"すもも"
> RMeCabC.result.2[2]
助詞
"も"
> RMeCabC.result.2[1 : 3]
    名詞      助詞      名詞
"すもも"     "も"    "もも"
```

また，単語ではなく，品詞の情報だけを取り出したいときは，names 関数を用います。

```
> # 品詞情報のみを表示
> names(RMeCabC.result.2)
[1] "名詞" "助詞" "名詞" "助詞" "名詞" "助詞" "名詞"
```

そして，RMeCabC 関数の第２引数の位置で１を指定すると，出力される単語が原形に復元されます。以下は，株式会社オーム社のウェブサイト※11 から取った一節を解析する際に，原形の復元を行った例です（これと同じ作業をする場合は，本書付属データの OHM.txt から文章をコピーしてください）。

```
> # 単語の原形を復元
> RMeCabC.result.3 <- RMeCabC("オーム社は1914（大正3）年、電気雑誌
「OHM」誌の創刊とともに創業いたしました。以来、科学技術分野の雑誌、専門書
、実務書、教科書の発行を中心に出版活動を行ってまいりました。2014（平成26
）年には電気雑誌「OHM」が創刊100周年の節目を迎え、会社も新たな時代へと新
しい一歩を踏み出しました。現在は専門書、実務書などに加えて一般書、実用書
、資格試験参考書など、幅広い分野での出版事業を展開しております。それらを
通じて、読者の皆様に喜んでいただくことはもちろんのこと、社会に貢献するこ
とを目標にしております。", 1)
> RMeCabC.result.4 <- unlist(RMeCabC.result.3)
> RMeCabC.result.4
      名詞          助詞          名詞          記号          名詞
 "オーム社"          "は"        "1914"          "（"        "大正"
      名詞          記号          名詞          記号          名詞
```

※11 http://www.ohmsha.co.jp/ohmgrp/greeting.htm

```
       "3"          ")"        "年"       "、"      "電気"
      名詞         記号        名詞        記号        名詞
    "雑誌"         "「"       "OHM"       "」"       "誌"
      助詞         名詞        助詞        名詞        動詞
      "の"       "創刊"   "とともに"     "創業"    "いたす"
    助動詞       助動詞        記号        名詞        記号
    "ます"         "た"        "。"      "以来"       "、"
      名詞         名詞        名詞        助詞        名詞
    "科学"       "技術"      "分野"        "の"     "雑誌"
      記号         名詞        名詞        記号        名詞
      "、"       "専門"        "書"        "、"     "実務"
      名詞         記号        名詞        助詞        名詞
      "書"         "、"    "教科書"        "の"     "発行"
      助詞         名詞        助詞        名詞        名詞
      "を"       "中心"        "に"      "出版"     "活動"
      助詞         動詞        助詞        動詞      助動詞
      "を"       "行う"        "て"    "まいる"     "ます"
    助動詞         記号        名詞        記号        名詞
      "た"         "。"      "2014"        "("     "平成"
      名詞         記号        名詞        助詞        助詞
      "26"         ")"        "年"        "に"       "は"
      名詞         名詞        記号        名詞        記号
    "電気"       "雑誌"        "「"       "OHM"       "」"
      助詞         名詞        名詞        名詞        助詞
      "が"       "創刊"       "100"      "周年"       "の"
      名詞         助詞        動詞        記号        名詞
    "節目"         "を"    "迎える"        "、"     "会社"
      助詞         名詞      助動詞        名詞        助詞
      "も"       "新た"        "だ"      "時代"       "へ"
      助詞       形容詞        名詞        名詞        助詞
      "と"     "新しい"        "一"        "歩"       "を"
      動詞       助動詞      助動詞        記号        名詞
"踏み出す"       "ます"        "た"        "。"     "現在"
      助詞         名詞        名詞        記号        名詞
      "は"       "専門"        "書"        "、"     "実務"
      名詞         助詞        助詞        動詞        助詞
      "書"       "など"        "に"    "加える"       "て"
      名詞         名詞        記号        名詞        名詞
    "一般"         "書"        "、"      "実用"       "書"
      記号         名詞        名詞        名詞        名詞
      "、"       "資格"      "試験"      "参考"       "書"
      助詞         記号      形容詞        名詞        助詞
    "など"         "、"    "幅広い"      "分野"       "で"
      助詞         名詞        名詞        助詞        名詞
```

```
       "の"        "出版"        "事業"        "を"       "展開"
       動詞         助詞          動詞        助動詞        記号
     "する"         "て"        "おる"       "ます"        "。"
       名詞         助詞          記号          名詞        助詞
   "それら"   "を通じて"          "、"        "読者"        "の"
       名詞         助詞          動詞          助詞        動詞
     "皆様"         "に"        "喜ぶ"          "で"   "いただく"
       名詞         助詞          副詞          助詞        名詞
     "こと"         "は"    "もちろん"        "の"      "こと"
       記号         名詞          助詞          名詞        動詞
       "、"       "社会"          "に"        "貢献"      "する"
       名詞         助詞          名詞          助詞        動詞
     "こと"         "を"        "目標"          "に"      "する"
       助詞         動詞        助動詞          記号
       "て"       "おる"        "ます"          "。"
```

この解析結果を見ると，「創業いたしました」の「いたし」が「いたす」に戻されていたり，「まいりました」の「まいり」が「まいる」に復元されていたりすることがわかります。動詞の活用に関する情報を必要とする言語研究であれば，「いたし」と「いたす」を分けて数えるでしょうし，単純な使用語彙の調査であれば，活用形の区別をしないかもしれません。「いたし」のような表記形をそのまま分析に用いるべきか，それとも「いたす」のような原形に復元するべきかは，分析の目的によって異なります。

もう一歩先へ

最後に，**ワードクラウド**（word cloud）という形態素解析結果を可視化する方法を紹介します。ワードクラウドを作成するためには，wordcloud パッケージ※12 が必要となります。

```
> # 追加パッケージのインストール（初回のみ）
> install.packages("wordcloud", dependencies = TRUE)
> # 追加パッケージの読み込み（Rを起動するごとに毎回）
> library(wordcloud)
```

ワードクラウドを描くには，単語ベクトルが必要となります。以下は，本書付属データの wagahaiwa_nekodearu.txt を対象に，RMeCabText 関数で単語ベクト

※12　https://CRAN.R-project.org/package=wordcloud

ルを作成し，wordcloud関数で可視化した例です（**図6.4**）。その際，wordcloud関数の引数min.freqで描画に使う単語の最低頻度を2とし，引数random.orderで単語の配置を指定しています。なお，file.choose関数を使わずに，ファイルの場所と名前を指定して読み込むこともできます※13。

```
> # RMeCabText関数で形態素解析（wagahaiwa_nekodearu.txtを選択）
> RMeCabText.result <- RMeCabText(file.choose())
> # RMeCabText関数の結果の確認
> head(RMeCabText.result, 5)
[[1]]
 [1] "吾輩"     "名詞"     "代名詞"   "一般"
 [5] "*"        "*"        "*"        "吾輩"
 [9] "ワガハイ" "ワガハイ"

[[2]]
 [1] "は"     "助詞"   "係助詞" "*"      "*"      "*"
 [7] "*"      "は"     "ハ"     "ワ"

[[3]]
 [1] "猫"   "名詞" "一般" "*"    "*"    "*"    "*"
 [8] "猫"   "ネコ" "ネコ"

[[4]]
 [1] "で"        "助動詞"    "*"         "*"
 [5] "*"         "特殊・ダ"  "連用形"    "だ"
 [9] "デ"        "デ"

[[5]]
 [1] "ある"          "助動詞"        "*"
 [4] "*"             "*"             "五段・ラ行アル"
 [7] "基本形"        "ある"          "アル"
[10] "アル"
> # 単語ベクトルの作成
> RMeCabText.result.2 <- unlist(sapply(RMeCabText.result,
+ "[[", 1))
> # 単語ベクトルの確認
> head(RMeCabText.result.2, 5)
[1] "吾輩" "は"   "猫"   "で"   "ある"
```

※13　ユーザーの環境によっては，RMeCabパッケージの関数とfile.choose関数を組み合わせて使用した場合にエラーが出る場合があります。そのような場合は，"C:/Data/wagahaiwa_nekodearu.txt"のように，ファイルの場所と名前を指定する方法（4.5節参照）で読み込んでください。

```
> # ワードクラウドを描画
> wordcloud(RMeCabText.result.2, min.freq = 2,
+ random.order = FALSE)
```

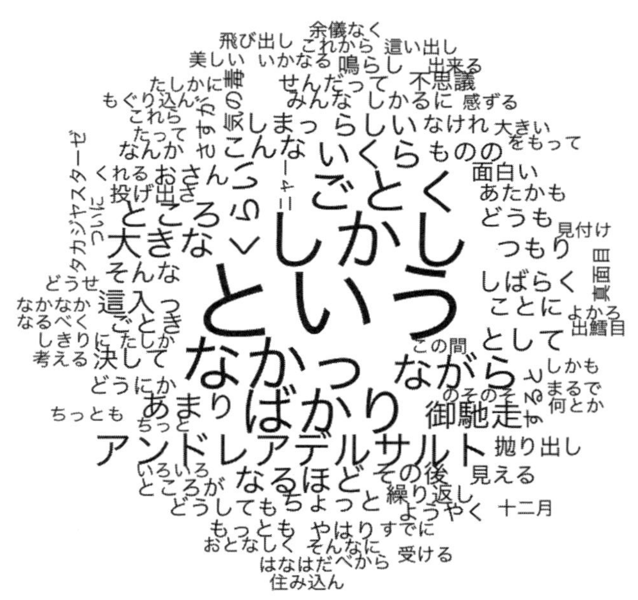

図 6.4　ワードクラウド

ワードクラウドでは，テキストに高い頻度で現れている単語が大きいフォントで表示されています。図 6.4 を見ると，ここで分析したテキストには，「という」や「しかし」という単語が高頻度で現れていることがわかります。一般的に，高頻度語は，どのようなテキストでも頻繁に用いられる機能語（助詞，助動詞，接続詞など）や，テキストの内容に関連した内容語（名詞，動詞など）であることが多いです。

ちなみに，Mac 版の R で日本語を使ったグラフを作成しようとすると，文字化けが起きることがあります。その場合は，以下のように，`par(family = "HiraKakuProN-W3")` という描画の設定をしてから可視化を行ってください (この作業は，ワードクラウド以外のグラフを描く場合にも有効です)※14。

※ 14　この方法で文字化けが解決しない場合は，RProfile を書き換える必要があります。詳細は，「R　Mac　plot　日本語　文字化け　RProfile」などと検索してみてください。

```
> # Mac版Rのグラフで日本語が文字化けするのを防止
> par(family = "HiraKakuProN-W3")
> # ワードクラウドを描画
> wordcloud(RMeCabText.result.2, min.freq = 2,
+ random.order = FALSE)
```

6.2　単語の頻度分析

本節では，テキストに出現する単語の**頻度表**（frequency list）を作成する方法について説明します。まず，短いテキストの分析であれば，前節で紹介したRMeCabC関数の結果を用いることが可能です。以下は，前節で作成したRMeCabC.result.4を使った例です。この例では，table関数を使ってRMeCabC関数の結果を集計し，sort関数で頻度の高い順に単語を並び替えたあと，head関数で頻度上位10語のみを表示しています。

```
> # 形態素解析結果から単語の頻度表を作成
> # table関数で頻度集計
> RMeCabC.result.table <- table(RMeCabC.result.4)
> # sort関数で頻度が高い順に並び替え
> RMeCabC.result.table.2 <-
+ sort(RMeCabC.result.table, decreasing = TRUE)
> # 集計結果の確認
> head(RMeCabC.result.table.2, 10)
RMeCabC.result.4
  、  の  書  に  を  。  ます  て  は  こと
 12   7   7   6   6   5    5   4   4    3
```

なお，上記の処理を応用することで，品詞の頻度表を作成することもできます。その際，前節で使ったnames関数を用います。

```
> # 形態素解析結果から品詞の頻度表を作成
> # names関数で品詞の情報を抽出
> RMeCabC.result.table.3 <- table(names(RMeCabC.result.4))
> # これ以降は，単語の頻度表を作成する場合と同じ
> RMeCabC.result.table.4 <- sort(RMeCabC.result.table.3,
+ decreasing = TRUE)
```

```
> # 集計結果の確認
> head(RMeCabC.result.table.4, 10)
  名詞   助詞   記号   動詞 助動詞 形容詞   副詞
    67     37     25     13      9      2      1
```

そして，もう少し長いテキストの頻度表を作成する場合は，コンソールに直接文章を入力せず，テキストファイルを読み込んで，RMeCabFreq 関数を使います。以下の例では，夏目漱石の『吾輩は猫である』※15 の第 1 章のデータを用います。ここで，本書付属データの wagahaiwa_nekodearu.txt を読み込んでください。ファイルが正しく読み込まれると，読み込んだファイルの場所と名前に関する情報（file）と，ファイルの異語数（length）が表示されます。それから，head 関数を用いて解析結果の一部を確認します※16。なお，この関数の出力では，単語の活用形は原形に復元されています。

```
> # RMeCabFreq関数による頻度表の作成
> # ファイルの読み込み（wagahaiwa_nekodearu.txtを選択）
> RMeCabFreq.result <- RMeCabFreq(file.choose())
file = /Users/user/Data/wagahaiwa_nekodearu.txt
length = 1644
> # 集計結果の確認
> head(RMeCabFreq.result, 5)
    Term      Info1    Info2 Freq
1     あ   フィラー        *    4
2   あー   フィラー        *    1
3     え   フィラー        *   11
4 なんか   フィラー        *    1
5 あえて       副詞     一般    1
```

RMeCabFreq 関数の解析結果（の一部）を確認した際，もし文字化けなどが起きていたら，ファイルの文字コードが使用している OS と合っていない可能性があります。標準的な Windows 環境であれば Shift-JIS，Mac 環境であれば

※15　このデータは，青空文庫（http://www.aozora.gr.jp/cards/000148/card789.html）からダウンロードして，書誌情報や特殊記号などを削除したものです。

※16　テキストに合計でいくつの単語が含まれているか，という情報を**総語数**（tokens），それに対して，（重複を省いて）何種類の単語が含まれているか，という情報を**異語数**（types）といいます。

UTF-8のファイルを読み込んでいるか，もう一度確認してください[※17]。また，RMeCabFreq関数の結果として（デフォルトで）表示される単語の順番（上記の例では，「あ」，「あー」，「え」，「なんか」，「あえて」），あるいは，表示されるファイルの異語数（上記の例では，1644）は，使用しているOSの種類やMeCabのバージョンによって異なることがあります[※18]。

次は，RMeCabFreq関数の返す結果を頻度順に並び替えます。以下のコードでは，orderという関数で並び替えていますが，書式が若干ややこしく感じられるかもしれません。しかし，RMeCabFreq.result，もしくはRMeCabFreq.result.2という部分（いずれも変数名）以外は，毎回同じように書けばよいので，それほど深く悩む必要はありません。ただ，コードを入力する際に，カッコの種類を間違えたり，コンマを打ち忘れたりしないように注意してください[※19]。

```
> # RMeCabFreq関数の結果を頻度順に並び替え
> RMeCabFreq.result.2 <-
+ RMeCabFreq.result[order(RMeCabFreq.result$Freq,
+ decreasing = TRUE), ]
> # 並び替えた結果の確認
> head(RMeCabFreq.result.2, 5)
     Term   Info1       Info2  Freq
1626    。    記号        句点   329
234    の    助詞      連体化   295
193    て    助詞    接続助詞   288
168    は    助詞      係助詞   268
223    を    助詞      格助詞   247
```

頻度順に並び替えた結果を確認すると，1位が句点の「。」で，2位が助詞の「の」であることがわかります。この結果の見方としては，Termが単語，Info1が品詞（大分類），Info2が品詞（小分類），Freqが頻度，となっています。ここで，一番左の「1626」や「234」という数字は何か，と疑問に感じるかもしれません。

※17　Encoding関数を使うと，データの文字コードを判別することができます。また，iconv関数を使って，Rの内部で文字コードを変換することも可能です（これらの関数の詳細については，関数のヘルプを参照してください）。しかし，慣れないうちは，テキストエディタなどを使って，正しい文字コードで保存し直す方が無難です。

※18　RMeCabでは，IPAdicというMeCabの解析辞書が使われています。UniDicやnaist-jdicのような別の解析辞書を使いたいという場合は，前掲のRMeCabのウェブサイトを参照してください。

※19　$を用いてデータの一部を取り出す方法については，5.1節を参照してください。

これらの数字は，単に頻度順に並び替える前の行番号ですので，無視してください。なお，合計でいくつの単語が含まれているか（総語数）を知りたいときは，sum 関数で Freq の列（4 列目）に含まれる値の総計を求めます。

```
> # 総語数の計算
> # 以下の2種類の書き方が可能
> sum(RMeCabFreq.result.2[, 4])
[1] 7447
> sum(RMeCabFreq.result.2$Freq)
[1] 7447
```

ちなみに，異語数（使用語彙の異なり数）を総語数（使用語彙の述べ数）で割った値を**異語率**（type-token ratio）といい，0 から 1 の値を取ります。異語率が 1 に近いほど，テキスト中の単語の種類が豊富であることを表します（語彙の豊富さについては，第 10 章で詳しく説明します）。


```
> # 異語率の計算
> # 異語数は，nrow(RMeCabFreq.result.2)で計算
> nrow(RMeCabFreq.result.2) / sum(RMeCabFreq.result.2$Freq)
[1] 0.22076
```

そして，作成した頻度表を CSV ファイルとして書き出すには，write.table 関数を用います。この関数の基本的な書式は，write.table(保存したい表の名前，file = " 保存するファイルの名前 ", sep = ",", row.names = TRUE, col.names = NA) のようになります（もちろん，行ラベルや列ラベルの形式によって，引数 row.names や引数 col.names の書き方は異なります）。Mac などで出力したファイルが文字化けしたときは，引数 fileEncoding で "UTF-8" などを指定してください。なお，書き出したファイルは現在の作業ディレクトリに保存されます。作業ディレクトリを忘れてしまったときは，getwd 関数で確認してください。

```
> # 頻度表の書き出し
> write.table(RMeCabFreq.result.2, file = "wordlist.csv",
+ sep = ",", row.names = TRUE, col.names = NA)
> # Macなどで出力したファイルが文字化けした場合
```

```
> write.table(RMeCabFreq.result.2, file = "wordlist.csv",
+ sep = ",", row.names = TRUE, col.names = NA,
+ fileEncoding = "UTF-8")
> # 保存したファイルがどこにあるかわからなくなった場合
> getwd()
```

もう一歩先へ

最後に，特定の条件に合致する単語のみを抽出する方法を紹介します。その際，grep 関数を使って，以下の例のようなコードを書きます。これも若干複雑なコードに見えるかもしれませんが，頻度表が入っている変数名（RMeCabFreq.result.2）と，指定する条件（猫や犬）以外は，いつも同じように書けばよいです。

```
> # 特定の条件に合致する単語のみを抽出
> # 「猫」という文字列を含む単語のみを表示
> RMeCabFreq.result.2[grep("猫", RMeCabFreq.result.2$Term), ]
     Term   Info1   Info2 Freq
1058   猫    名詞    一般   26
885  子猫    名詞    一般    1
> # 「犬」という文字列を含む単語のみを表示
> RMeCabFreq.result.2[grep("犬", RMeCabFreq.result.2$Term), ]
     Term   Info1   Info2 Freq
1055   犬    名詞    一般    1
> # 「猫」もしくは「犬」という文字列を含む単語のみを表示
> RMeCabFreq.result.2[grep("猫|犬", RMeCabFreq.result.2$Term), ]
     Term   Info1   Info2 Freq
1058   猫    名詞    一般   26
885  子猫    名詞    一般    1
1055   犬    名詞    一般    1
```

そして，「子猫」のように「猫」という文字列を含む単語ではなく，「猫」という単語のみを表示したい場合は，以下のように，正規表現の ^ と $ を使います。この検索方法を使えば，特定の単語が解析したテキストに出現するか否か，何回出現していたのか，といった情報を瞬時に得ることが可能です。

```
> #「猫」という単語のみを表示
> RMeCabFreq.result.2[grep("^猫$", RMeCabFreq.result.2$Term), ]
     Term    Info1    Info2 Freq
1058   猫      名詞      一般   26
```

単語の頻度分析は，大量のテキストデータの特徴を大まかに把握するのに非常に便利な方法です。しかし，ある概念に関する頻度を正確に数えるためには，「猫」と「ねこ」と「ネコ」のような表記ゆれ，それに加えて，ときには「タマ」や「ミケ」のような別の単語の頻度も考慮に入れなければなりません（ちなみに，このように，「猫」と「ねこ」などを１つにまとめる作業を名寄せといいます）。また，単純に頻度の高低を論じるだけでなく，その単語がどのような文脈で用いられているのかを丁寧に見ていく必要があります。そして，単語が用いられている文脈を探索的に分析するための方法としては，次節で扱う n-gram や共起語の分析があります。

6.3　n-gram の頻度分析

***n*-gram**（エヌグラム）とは，文章における n 個の要素の連鎖のことです。そして，n-gram には，文字 n-gram，単語 n-gram，品詞 n-gram などがあり，n の数も変化します。たとえば，文字 3-gram であれば，「月　曜　日」のような 3 文字の連鎖，単語 2-gram であれば，「明日　は」のような 2 単語の連鎖を指します。ただし，n-gram は，連続する要素を 1 つずつずらして，それらを網羅的に取り出したものですので，必ずしも言語的に意味のあるかたまりとなっているわけではありません（**図 6.5**）。

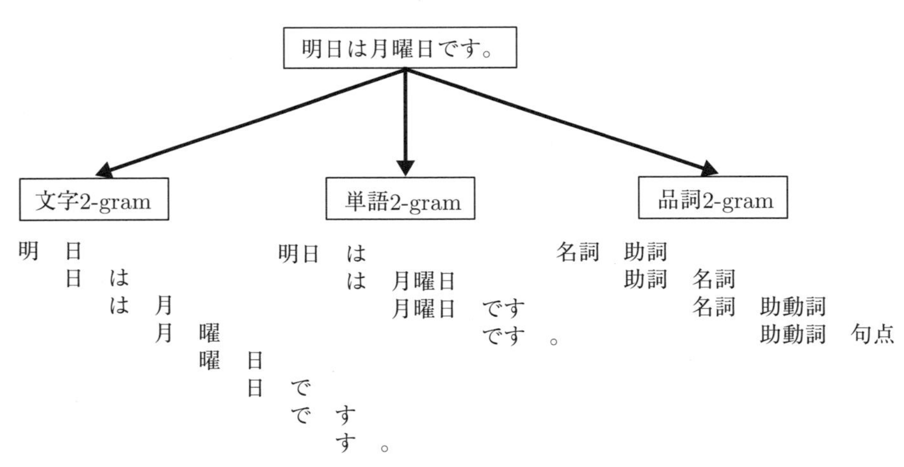

図 6.5　n-gram の取り出し方（2-gram の例）（小林，2014）

n-gram は，隣接する要素を機械的に抽出するというシンプルな手法ですが，様々な分野で活用されています。たとえば，文字 n-gram は，形態素解析を必要とせずに集計できるため，単語分割の誤りなどの影響を受けることなく，テキストを分析することが可能です。また，品詞 n-gram は，文章を品詞のレベルに抽象化するため，文章の内容の影響をそれほど受けずに，文章の構造を捉えることができます。

R で n-gram を抽出するための関数として，`RMeCab` パッケージの `Ngram` 関数があります。この関数の引数 `type` で `0` を指定すると文字 2-gram が，`1` を指定すると単語 2-gram が，`2` を指定すると品詞 2-gram が抽出されます。以下は，『吾輩は猫である』の第1章を解析した例です※20。

```
> # n-gramの抽出
> # 文字2-gram (wagahaiwa_nekodearu.txtを選択)
> ngram.result.1 <- Ngram(file.choose(), type = 0)
file = /Users/user/Data/wagahaiwa_nekodearu.txt Ngram = 2
length = 4863
> # 集計結果の確認
> head(ngram.result.1, 5)
   Ngram Freq
1 [一-こ]    1
2 [一-一]    1
3 [一-猫]    1
4 [○-○]    3
5 [○-が]    2

> # 単語2-gram (wagahaiwa_nekodearu.txtを選択)
> ngram.result.2 <- Ngram(file.choose(), type = 1)
file = /Users/user/Data/wagahaiwa_nekodearu.txt Ngram = 2
length = 2153
> # 集計結果の確認
> head(ngram.result.2, 5)
        Ngram Freq
1 [あすこ-名文]    1
2   [あたり-色]    1
3   [あと-それ]    1
4     [あと-何]    1
5   [あと-吾輩]    1

> # 品詞2-gram (wagahaiwa_nekodearu.txtを選択)
> ngram.result.3 <- Ngram(file.choose(), type = 2)
file = /Users/user/Data/wagahaiwa_nekodearu.txt Ngram = 2
length = 95
> # 集計結果の確認
> head(ngram.result.3, 5)
             Ngram Freq
1 [フィラー-フィラー]    1
2     [フィラー-副詞]    1
3     [フィラー-助詞]    7
4     [フィラー-名詞]    7
5   [フィラー-連体詞]    1
```

※20　RMeCabFreq 関数の場合と同じく，Ngram 関数の結果として（デフォルトで）表示される単語の順番や数は，OS の種類や MeCab のバージョンによって異なることがあります。

なお，単語 n-gram の場合，デフォルトでは，名詞と形容詞のみが集計の対象とされ，それ以外の品詞は処理から除外されます（石田・小林，2013）。他の品詞も解析に含める場合は，引数 pos で指定します。以下は，名詞，動詞，形容詞，副詞を指定した例です。

```
> # 単語n-gramの抽出における品詞の指定（wagahaiwa_nekodearu.txtを選択）
> ngram.result.4 <- Ngram(file.choose(), type = 1,
+ pos = c("名詞", "動詞", "形容詞", "副詞"))
file = /Users/user/Data/wagahaiwa_nekodearu.txt Ngram = 2
length = 3328
> # 集計結果の確認
> head(ngram.result.4, 5)
        Ngram Freq
1   [あえて-他]    1
2 [あがる-交番]    1
3 [あきれる-ら]    1
4 [あける-見る]    1
5 [あすこ-実に]    1
```

また，n-gram の長さを変更するには，引数 N を用います。たとえば，N = 2 だと 2-gram が，N = 3 だと 3-gram が抽出されます（N = 4 以上を指定することも可能ですが，実際の分析ではあまり使いません）。以下は，単語 3-gram の例です。

```
> # n-gramの長さを変更（wagahaiwa_nekodearu.txtを選択）
> ngram.result.5 <- Ngram(file.choose(), type = 1, N = 3)
file = /Users/user/Data/wagahaiwa_nekodearu.txt Ngram = 3
length = 2296
> # 集計結果の確認
> head(ngram.result.5, 5)
           Ngram Freq
1 [あすこ-名文-僕]    1
2 [あたり-色-吾輩]    1
3 [あと-それ-書生]    1
4     [あと-何-事]    1
5   [あと-吾輩-下]    1
```

Ngram 関数の解析結果を頻度順に並び替える手順は，頻度表の場合と同様に，order 関数（6.2 節参照）を用います（変数名以外は，先ほどの例とまったく同じコードです）。以下では，単語 2-gram を集計した結果（ngram.result.2）を頻度順に並び替えています。

```
> # Ngram関数の解析結果を頻度順に並び替え
> ngram.result.6 <-
+ ngram.result.2[order(ngram.result.2$Freq,
+ decreasing = TRUE), ]
> # 並び替えた結果の確認
> head(ngram.result.6, 5)
            Ngram Freq
1538    [水彩-画]    8
543     [事-ない]    7
240     [の-吾輩]    6
1789    [美学-者]    6
651   [仕方-ない]    5
```

ちなみに，単語 n-gram の頻度だけでなく，品詞の情報も必要な場合は，docDF 関数を用います※21。引数 type や引数 N の使い方は，Ngram 関数と同じです。

```
> # docDF関数によるn-gramの抽出（wagahaiwa_nekodearu.txtを選択）
> docDF.result <- docDF(file.choose(), type = 1, N = 2)
file = /Users/user/Data/wagahaiwa_nekodearu.txt opened
number of extracted terms = 4818
now making a data frame. wait a while!
> # 集計結果の確認
> head(docDF.result, 5)
       TERM      POS1        POS2  wagahaiwa_nekodearu.txt
1  ―-ことに  記号-副詞   一般-一般                        1
2       ―-―  記号-名詞     一般-数                        1
3      ―-猫  記号-名詞   一般-一般                        1
4       ○-○  記号-記号   一般-一般                        2
5      ○-が  記号-助詞 一般-格助詞                        1
```

※21　RMeCabFreq 関数の場合と同じく，docDF 関数の結果として（デフォルトで）表示される単語の順番や数は，OS の種類や MeCab のバージョンによって異なることがあります。

RMeCabパッケージには，docNgram関数，docNgram2関数，NgramDF関数，NgramDF2関数など，n-gramを抽出するための関数が多く用意されています（詳しくは，前掲のRMeCabのウェブサイトを参照してください）。しかし，それらの関数でできることと，本節で紹介した関数でできることは，それほど大きく変わりません。

6.4　共起語の分析

共起語（collocation）とは，分析対象とする単語（検索語）の近くによく一緒に現れる単語のことです（前節のn-gramと異なり，必ずしも検索語と共起語が隣接している必要はありません）。たとえば，テキストにおける名詞と名詞の共起関係に注目すれば，人や物がどのように関連しているか，を把握することができます。また，名詞の検索語と共起する形容詞を分析すると，検索語がどのように表現（形容）されているか，がわかります。さらに，名詞（人物名）の検索語と共起する動詞を抽出すると，誰が何をしたのか，という情報が得られます。**図6.6**の例を見ると，どのようなビールが話題になっているのか（冷たい，すっきり，黒），あるいはビールに対してどのような行動がとられているのか（買う，飲む），どのような単語がビールと一緒に話題にのぼるのか（おつまみ），などがわかります。

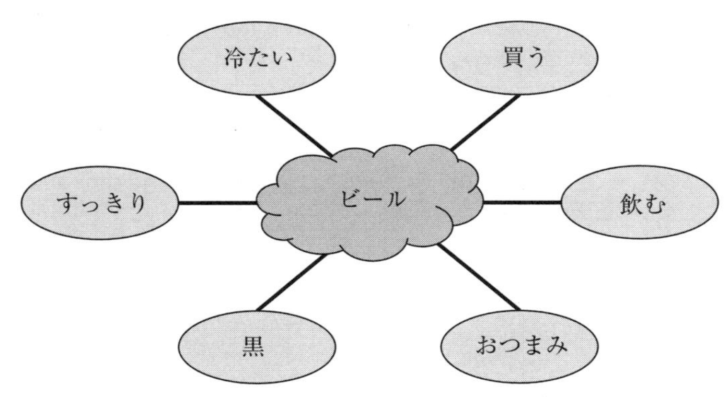

図6.6　検索語と共起語（小林，2014）

前述のように，共起語とは，検索語の近くによく一緒に現れる単語のことです。しかし，実際の分析にあたっては，どれぐらい「近く」に現れる単語を共起語とみなすのか，どれぐらい「よく」一緒に現れる単語を共起語とみなすのか，を定義する必要があります。具体的には，検索語の前後何語までを集計の対象とするか（スパン）と，どのような基準で共起の強さを測るか（共起強度）を決めることになります。

R で共起語の分析を行うには，RMeCab パッケージの collocate 関数を用います。その際，引数 node で検索語を，引数 span でスパンを指定します。以下の例では，『吾輩は猫である』の第 1 章を対象に，「吾輩」という検索語の前後 5 語以内に共起する語を集計した例です[※22]。

```
> # 共起語を集計（wagahaiwa_nekodearu.txtを選択）
> collocate.result <- collocate(file.choose(), node = "吾輩",
+ span = 5)
file = /Users/user/Data/wagahaiwa_nekodearu.txt
length = 1534
> # 集計結果の確認
> head(collocate.result, 5)
      Term Before  After  Span  Total
1        、     10      1    11    123
2        。     53      4    57    329
3        「      2      2     4     42
4   あたかも      1      0     1      3
5      あと      1      0     1      4
```

上記の集計結果では，Before が「その単語が検索語の前（左）に現れる頻度」を，After が「その単語が検索語の後ろ（右）に現れる頻度」，Span が「その単語がスパン内に現れる頻度」（Before + After），Total が「その単語自体の頻度」を，それぞれ表しています。そして，この結果においては，共起語がスパン内に何回出現したか，という頻度情報が共起強度として使われています（検索語と共起語が近くに現れる頻度が高いほど，検索語と共起語の結びつきが強いとみなされます）。

※ 22　RMeCabFreq 関数の場合と同じく，collocate 関数の結果として（デフォルトで）表示される単語の順番や数は，OS の種類や MeCab のバージョンによって異なることがあります。

頻度以外の共起強度を用いる場合は，collScores 関数を使います。この関数で利用できる共起強度の指標は，T（T score）と MI（Mutual Information）の２種類です。一般的に，T は，検索語と高い頻度で共起する単語に対して，比較的高い値が与えられる傾向があります。一方，MI は，その単語自体は低頻度ながら，その単語が使われるときには高い割合で検索語と共起する場合に，高い値が与えられる傾向があります※23。以下は，collScores 関数を用いて，T と MI を求めた結果です。

```
> # TとMIを計算
> collScores.result <- collScores(collocate.result,
+ node = "吾輩", span = 5)
> # 計算結果の確認
> head(collScores.result, 5)
      Term Before  After  Span  Total          T         MI
1        、    10      1    11    123 -0.7171573 -0.2824173
2        。    53      4    57    329  2.8100113  0.6716118
3        「     2      2     4     42 -0.2841413 -0.1916519
4   あたかも     1      0     1      3  0.6736941  1.6157030
5      あと     1      0     1      4  0.5649255  1.2006655
```

そして，上記の結果を並び替えるときは，order 関数を用います。

```
> # 共起強度の計算結果を並び替え
> # Tで並び替え
> collScores.result.2 <-
+ collScores.result[order(collScores.result$T,
+ decreasing = TRUE), ]
> # 並び替えた結果の確認
> head(collScores.result.2, 5)
   Term  Before  After  Span  Total        T        MI
64   は      11     47    58    268 3.788191 0.9925573
2    。      53      4    57    329 2.810011 0.6716118
6  ある      17      4    21     89 2.470137 1.1172495
62   の      12     46    58    375 2.260015 0.5078998
21 ここ       1      3     4      7 1.619310 2.3933106
```

※23　これら２つの指標の計算方法については石田・小林（2013），これ以外の指標については相澤・内山（2011）や Levshina（2015）に詳しく書いてあります。また，共起強度として頻度を用いることの問題点については，小林（2013）を参照してください。

```
> # MIで並び替え
> collScores.result.3 <-
+ collScores.result[order(collScores.result$MI,
+ decreasing = TRUE), ]
> # 並び替えた結果の確認
> head(collScores.result.3, 5)
         Term Before After  Span  Total          T        MI
157      尻尾      1     1     2      1  1.3373025  4.200666
241      自白      1     1     2      1  1.3373025  4.200666
38   たしかに      1     2     3      2  1.6064556  3.785628
67   ぶら下げる    1     2     3      2  1.6064556  3.785628
8    いきなり      0     1     1      1  0.8912314  3.200666
```

実際のテキストマイニングにおいて，T と MI のいずれを使うかは分析の目的によります。マーケティングの口コミ分析のように，検索語と頻繁に共起する語を明らかにしたい場合は，T を使えばよいでしょう。一方，顧客アンケートやコールセンターの通話記録のように，よくある要望や苦情を調査するだけでなく，非常に稀な（しかし，無視できない）意見をすくい上げる必要があるときは，MI も併用しましょう。また，特定作家の文体分析のように，そのテキスト独自の言語表現に光を当てる場合にも，MI は有効です。ただし，MI は，非常に低頻度な用例に高い値を与えることもあるため，最低頻度 n 回以上で MI が高い共起語を抽出する，といったアプローチが使われることもあります。共起語の研究に興味を持った方は，堀（2009）や堀（2012）なども参照してみてください。

もう一歩先へ

最後に，単語の**共起ネットワーク**（co-occurrence network）の可視化を紹介します。R で共起ネットワークを描く場合は，igraph パッケージ※24 を用います。また，描画に使う共起情報の集計には，RMeCab パッケージの NgramDF 関数を用います。以下の例では，『吾輩は猫である』における単語 2-gram（名詞のみ）を NgramDF 関数で集計したあと，subset 関数で共起頻度 2 以上のペアのみを抽出しています（2 以上を指定する場合は，Freq > 1 と書きます）。そして，igraph パッケージの graph.data.frame 関数でグラフ形式のデータに変換し，plot 関数でネットワークを描画しています。描画にあたっては，引数

※24　https://CRAN.R-project.org/package=igraph

vertex.label でネットワークにおける頂点のラベルを，引数 vertex.color で頂点の色を指定しています。**図 6.7** は，その結果です。

```
> # 追加パッケージのインストール（初回のみ）
> install.packages("igraph", dependencies = TRUE)
> # 追加パッケージの読み込み（Rを起動するごとに毎回）
> library(igraph)
> # NgramDFによる共起語の集計（wagahaiwa_nekodearu.txtを選択）
> NgramDF.result <- NgramDF(file.choose(), type = 1, N = 2,
+ pos = "名詞")
> # 共起頻度2以上のペアのみを抽出
> NgramDF.result.2 <- subset(NgramDF.result, Freq > 1)
> # ネットワークの描画
> g <- graph.data.frame(NgramDF.result.2, directed = FALSE)
> plot(g, vertex.label = V(g)$name, vertex.color = "grey")
```

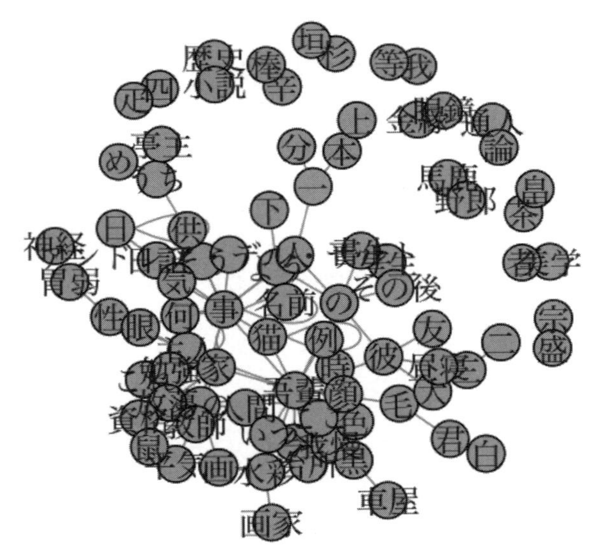

図 6.7　名詞の共起ネットワーク（共起頻度 2 以上）

図 6.7 は，情報量が多く，単語の共起関係を視覚的に把握しにくいかもしれません。そのようなときは，描画に使う共起頻度の閾値を上げてみましょう。**図 6.8** は，共起頻度 3 以上（`Freq > 2`）のペアを使って共起ネットワークを描いたものです。このように閾値を上げると，情報量が減って，見やすい図ができます。共起頻度何回以上を閾値とするべきか，という判断はデータによっても異なりますので，いろいろと試してみてください。

```
> # 共起頻度3以上のペアのみを抽出
> NgramDF.result.3 <- subset(NgramDF.result, Freq > 2)
> # ネットワークの描画
> g.2 <- graph.data.frame(NgramDF.result.3, directed = FALSE)
> plot(g.2, vertex.label = V(g.2)$name, vertex.color = "grey")
```

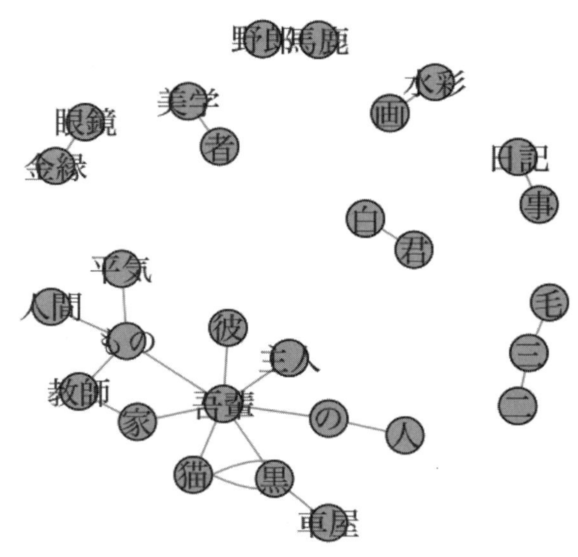

図 6.8　名詞の共起ネットワーク（共起頻度 3 以上）

Column … 言語学

テキストマイニングは，**言語学**（linguistics）に関する知識があると有利です。RMeCab のようなツールを使えば，様々なテキストを一瞬で解析することが可能で，頻度集計なども簡単にできます。しかし，ある政治家が演説で繰り返す「なぜ」には，一体どのような意味があるのでしょうか。また，「あなたを好きだけど」という歌詞と「あなたが好きだけど」という歌詞では，そこから生み出される効果にどのような違いがあるのでしょうか。言語感覚の鋭い人であればピンとくるかもしれませんが，「はて，なんだろう」と悩む人も多いのではないでしょうか。

一口に「言語学」といっても，音声の研究，語彙の研究，文法の研究，意味の研究など，多種多様です。その中で人文・社会科学系の研究，もしくはマーケティングなどのビジネスに比較的役立つのは，レトリックや文体に関する研究だと思います。Amazon で「レトリック」や「文体論」をタイトルに含む書籍を検索してみると，数多くヒットします。もし面白そうな本があったら，ぜひ読んでみてください。言語学の専門書を読む前に軽く電車の中やベッドで読める本としては，J-POP の歌詞を例に品詞や文章技法をわかりやすく解説した山田（2014）や，社会言語学の観点から政治家の演説を分析した東（2007）などがおすすめです。また，日本語の文法について，基礎からしっかりと学びたい方には，益岡・田窪（1992）などがよいと思います。そして，テキストマイニングに限定せず，言語学全般に関わる入門書としては，黒田（2004）や大津（2009）などが最初の１冊として最適です。

第 7 章
発展的なテキスト分析

7.1 複数データの頻度解析

前章では，1 つのテキストから単語や n-gram の頻度を集計する方法を学びました。本章では，より発展的なテキスト分析として，複数のテキストの頻度解析を行う方法について説明します。もちろん，個々のテキストを 1 つずつ処理したあと，Excel のピボットテーブルなどを用いて集計することも可能です（3.3 節参照）。しかし，R で一度に集計した方が便利ですし，手作業によるテキスト整形のミスも軽減されます。

RMeCab パッケージでは，docDF 関数を用いて，任意のフォルダ内にある全てのファイルを解析することができます。以下，3 人の内閣総理大臣の演説を分析対象とします。本書付属のデータセットとして，speech というフォルダがあり，その中に Abe.txt，Aso.txt，Koizumi.txt という 3 つのテキストが入っています※1。この speech フォルダを現在の作業ディレクトリに丸ごとコピーしてください（作業ディレクトリがわからなくなった場合は，getwd 関数で確認することが可能です）。そのあとで，docDF 関数を実行します。

まずは，これら 3 つのファイルにおける文字の頻度を集計します。その際は，docDF 関数の引数 type で 0 を指定します。

```
> # 複数ファイルの解析
> # 文字頻度の集計
> library(RMeCab)
> docDF.result <- docDF("speech", type = 0)
file_name =  speech/Abe.txt opened
```

※1　これら 3 つのテキストファイルは，それぞれ，第 165 回国会における安倍晋三首相，第 170 回国会における麻生太郎首相，第 163 回国会における小泉純一郎首相の所信表明演説を書き起こしたものです。

```
file_name =  speech/Aso.txt opened
file_name =  speech/Koizumi.txt opened
number of extracted terms = 1109
now making a data frame. wait a while!
> # 解析結果の確認
> head(docDF.result, 10)
  Ngram Abe.txt Aso.txt Koizumi.txt
1     .       1       0           0
2     、     377     303         124
3     。     146     206          59
4     々       5       8           3
5     〇       0       3           0
6     「      37       5          16
7     」      37       5          16
8     あ      41      75          22
9     い     151     111          66
10    う      26      33          14
```

また，単語の頻度を集計するときは，引数 type で 1 を指定します。ちなみに，このようなテキスト×単語の形式で集計した頻度表のことを**文書ターム行列**（document-term matrix）と呼びます。

```
> # 単語頻度の集計
> docDF.result.2 <- docDF("speech", type = 1)
file_name =  speech/Abe.txt opened
file_name =  speech/Aso.txt opened
file_name =  speech/Koizumi.txt opened
number of extracted terms = 1934
now making a data frame. wait a while!
> # 解析結果の確認
> head(docDF.result.2, 10)
     TERM   POS1       POS2 Abe.txt Aso.txt Koizumi.txt
1       .   名詞   サ変接続       1       0           0
2           記号       空白      58      69          30
3       、   記号       読点     377     303         124
4       。   記号       句点     146     206          59
5       々   記号       一般       0       1           0
6       〇   名詞         数       0       3           0
7       「   記号     括弧開      37       5          16
8       」   記号     括弧閉      37       5          16
9  あえて   副詞       一般       0       1           0
10   あく   動詞       自立       0       1           0
```

そして，引数 pos を指定することで，任意の品詞に該当する単語のみを集計することが可能です。以下は，名詞と形容詞だけを対象に解析した例です。

```
> # 品詞を限定した集計
> docDF.result.3 <- docDF("speech", type = 1, pos = c("名詞",
+ "形容詞"))
file_name =  speech/Abe.txt opened
file_name =  speech/Aso.txt opened
file_name =  speech/Koizumi.txt opened
number of extracted terms = 1417
now making a data frame. wait a while!
> # 解析結果の確認
> head(docDF.result.3, 10)
       TERM     POS1       POS2 Abe.txt Aso.txt Koizumi.txt
1         .     名詞   サ変接続       1       0           0
2        ○     名詞         数       0       3           0
3      あざ     名詞       一般       0       1           0
4      いい   形容詞       自立       0       1           0
5  いたずら     名詞   サ変接続       0       1           0
6  いち早い   形容詞       自立       0       0           1
7      うち     名詞     非自立       1       0           0
8  おいしい   形容詞       自立       1       0           0
9    お互い     名詞       一般       2       0           0
10   お断り     名詞   サ変接続       0       1           0
```

さらに，引数 N を指定することで，n-gram の集計を行うこともできます。

```
> # 文字2-gramの集計
> docDF.result.4 <- docDF("speech", type = 0, N = 2)
file_name =  speech/Abe.txt opened
file_name =  speech/Aso.txt opened
file_name =  speech/Koizumi.txt opened
number of extracted terms = 6567
now making a data frame. wait a while!
> # 集計結果の確認
> head(docDF.result.4, 10)
  Ngram Abe.txt Aso.txt Koizumi.txt
1   .２       1       0           0
2   、「      12       0           6
3   、あ       0       2           0
4   、い       1       2           1
5   、う       0       1           0
```

```
6    、お    1     2       0
7    、か    1     1       1
8    、こ    2    11       4
9    、ご    0     2       0
10   、し    1     1       0

> # 単語2-gramの集計
> docDF.result.5 <- docDF("speech", type = 1, N = 2)
file_name =  speech/Abe.txt opened
file_name =  speech/Aso.txt opened
file_name =  speech/Koizumi.txt opened
number of extracted terms = 6115
now making a data frame. wait a while!
> # 集計結果の確認
> head(docDF.result.5, 10)
          TERM         POS1            POS2 Abe.txt Aso.txt Koizumi.txt
1         .-2     名詞-名詞     サ変接続-数       1       0           0
2          -「     記号-記号     空白-括弧開       1       2           2
3     -かつて     記号-副詞       空白-一般       1       0           0
4   -こうした   記号-連体詞          空白-*       1       0           0
5       -ここ     記号-名詞     空白-代名詞       0       2           0
6       -この   記号-連体詞          空白-*       4       1           1
7       -これ     記号-名詞     空白-代名詞       0       1           0
8     -さらに     記号-副詞 空白-助詞類接続       1       0           0
9     -しかし   記号-接続詞          空白-*       0       3           0
10 -すべからく     記号-副詞       空白-一般       0       1           0

> # 単語2-gramの集計（名詞，動詞，形容詞，副詞のみ）
> docDF.result.6 <- docDF("speech", type = 1, N = 2,
+ pos = c("名詞", "動詞", "形容詞", "副詞"))
file_name =  speech/Abe.txt opened
file_name =  speech/Aso.txt opened
file_name =  speech/Koizumi.txt opened
number of extracted terms = 4420
now making a data frame. wait a while!
> # 集計結果の確認
> head(docDF.result.6, 10)
            TERM      POS1        POS2 Abe.txt Aso.txt Koizumi.txt
1            .-2 名詞-名詞 サ変接続-数       1       0           0
2  〇-パーセント 名詞-名詞     数-接尾       0       1           0
3           〇-一 名詞-名詞       数-数       0       1           0
4           〇-月 名詞-名詞     数-一般       0       1           0
5    あえて-喫緊 副詞-名詞   一般-一般       0       1           0
6      あく-地方 動詞-名詞   自立-一般       0       1           0
```

```
7   あげる-取り組む 動詞-動詞   自立-自立       1       0          0
8     あげる-少子化 動詞-名詞   自立-一般       1       0          0
9       あざ-なえる 名詞-動詞   一般-自立       0       1          0
10    あたかも-あざ 副詞-名詞   一般-一般       0       1          0
```

docDF 関数では，これ以外の引数も用意されています。たとえば，引数 minFreq で 5 などと指定すると（minFreq = 5），頻度 5 以上の単語もしくは n-gram のみが集計の対象となります。また，引数 Genkei で 1 を指定すると（Genkei = 1），単語を集計する場合に，原形ではなく，活用形のまま集計されます。

なお，品詞に関する情報が不要であれば，解析結果から 2 列目と 3 列目を除外します。

```
> # 品詞の情報を削除
> docDF.result.7 <- docDF.result.6[, -2]
> docDF.result.7 <- docDF.result.7[, -2]
> # 削除した結果の確認
> head(docDF.result.7, 10)
             TERM Abe.txt Aso.txt Koizumi.txt
1             .-2       1       0           0
2     ○-パーセント       0       1           0
3             ○-一       0       1           0
4             ○-月       0       1           0
5       あえて-喫緊       0       1           0
6         あく-地方       0       1           0
7  あげる-取り組む       1       0           0
8    あげる-少子化       1       0           0
9      あざ-なえる       0       1           0
10   あたかも-あざ       0       1           0
```

RMeCab パッケージには，docMatrix 関数，docMatrix2 関数，docNgram 関数，docNgram2 関数，NgramDF 関数，NgramDF2 関数など，複数ファイルを解析するための機能が多く実装されています※2。関数によって若干の機能の違いがありますが，とりあえずは，本節で紹介した docDF 関数を使うことで，大概の頻度集計に対応することができるでしょう。

ここでは，3 ファイルのみを解析しましたが，実際のテキストマイニングでは

※2 http://rmecab.jp/wiki/index.php?RMeCabFunctions

10 ファイル以上を同時に解析することもあります（どれぐらいの数のテキストまで同時に解析できるかは，個々のファイルの大きさやコンピュータの性能によって変わります）※3。しかし，大きな頻度表を目で見て分析するのは困難です。そのような場合は，第 9 章で紹介する統計手法を活用するとよいでしょう。

7.2　頻度の標準化と重み付け

本節では，前節で作成したような頻度表の操作を扱います。まずは，**観測頻度**（observed frequency）と**相対頻度**（relative frequency）の違いについて説明します。テキストマイニングにおいて，観測頻度とは，分析対象の中に単語などが何回出現したかという絶対的な値です。つまり，総語数が 1 万語のテキストで X という単語が 10 回使われていたとしたら，X の観測頻度は 10 回となります。同様に，総語数が 10 万語のテキストで X という単語が 10 回使われていたとしても，X の観測頻度は 10 回です。しかし，1 万語における 10 回と 10 万語における 10 回では，同じ「10 回」でも意味合いが違うように思われます。

そこで，総語数の異なる 2 つのテキストにおける頻度を比較可能な形にするために，相対頻度が用いられます。相対頻度は，観測頻度をテキストの総語数で割り，任意の数を掛けた値です。この計算の最後で 100 を掛けると「100 語あたりの相対頻度」に，1000 を掛けると「1000 語あたりの相対頻度」になります。たとえば，1 万語のテキストで X という単語が 10 回使われていた場合，$10/10000 \times 10000$ とすると，1 万語あたりの相対頻度は 10 となります（観測頻度と同じ）。それに対して，10 万語のテキストで X という単語が 10 回使われていた場合に，1 万語あたりの相対頻度を求めると，$10/100000 \times 10000 = 1$ となります。

R で相対頻度を計算してみましょう。ここでは，`textometry` パッケージの `robespierre` データセットを使います。このデータセットは，以下のように，`D1` ～ `D10` という 10 個のテキスト（演説）における単語の頻度を集計したものです（もし何らかの理由で `textometry` パッケージを読み込めない場合は，5.3 節で説明したような方法で本書付属データの CSV ファイルを読み込んでください）。

※3　R によるビッグデータの解析に興味のある方は，福島（2014）などを参照してください。

```
> # 追加パッケージの読み込み（Rを起動するごとに毎回）
> library(textometry)
> # データセットの準備
> data(robespierre)
> # データセットの確認
> robespierre
             D1   D2   D3   D4   D5   D6   D7   D8   D9   D10
de          464  165  194  392  398  235  509   96   58   662
peuple       45   18   15   14   53   30   42   16    4    59
republique   35   10   16   29   29    9   21   14    2    42
ennemi       30   13   11   19   22   10   16    7    2    35
patrie        6    5   16    8   23   10   35    8    3    39
others     7815 2347 3668 6441 7371 4261 9519 1922 1015 13096
```

robespierreにおけるD1の列を見てください。この列を見ると，5つの単語（de，peuple，republique，ennemi，patrie）の観測頻度に加えて，それ以外の単語（others）の観測頻度の情報も含まれています。そして，sum関数を使って，これらの6つの頻度を合計すると，D1というテキストの総語数がわかります。また，colSums関数を用いると，10個のテキストの総語数を一度に計算することができます。

```
> # 1列目（D1）の総語数
> sum(robespierre[, 1])
[1] 8395
> # 1～10列目（D1～D10）の総語数
> colSums(robespierre)
   D1    D2    D3    D4    D5    D6    D7    D8    D9    D10
 8395  2558  3920  6903  7896  4555 10142  2063  1084  13933
```

この総語数の情報を使って（100語あたりの）相対度数を求めるには，以下のような処理を行います。その際，apply関数（4.3節参照）を使うのが便利です[※4]。また，round関数を用いてコンソールに表示される桁数を調節すると，出力される結果が読みやすくなります。round関数を使うと，出力される結果の小数点以下の桁数が，第1引数の位置で指定した値と同じ数になります。

※4　より発展的な頻度表の操作方法については，里（2014）や福島（2015）に詳しく書いてあります。

```
> # 100語あたりの相対頻度を計算
> relative.freq <-
+ t(t(robespierre) / apply(robespierre, 2, sum) * 100)
> # 小数点以下2位までを表示
> round(relative.freq, 2)
              D1    D2    D3    D4    D5
de          5.53  6.45  4.95  5.68  5.04
peuple      0.54  0.70  0.38  0.20  0.67
republique  0.42  0.39  0.41  0.42  0.37
ennemi      0.36  0.51  0.28  0.28  0.28
patrie      0.07  0.20  0.41  0.12  0.29
others     93.09 91.75 93.57 93.31 93.35
              D6    D7    D8    D9   D10
de          5.16  5.02  4.65  5.35  4.75
peuple      0.66  0.41  0.78  0.37  0.42
republique  0.20  0.21  0.68  0.18  0.30
ennemi      0.22  0.16  0.34  0.18  0.25
patrie      0.22  0.35  0.39  0.28  0.28
others     93.55 93.86 93.17 93.63 93.99
```

念のため，検算をしてみましょう。D1におけるdeの観測頻度（464）から100語あたりの相対頻度を求めると，$464/8395 \times 100 = 5.527099$となり，上記の計算結果と一致しています。

次に，**標準化頻度**（standardized frequency）について説明します。これは，平均値と標準偏差を用いて，個々の観測頻度を統計的に標準化した値です。観測頻度が平均値と一致する場合は標準化頻度が0となり，平均値よりも大きい場合は正の値，平均値よりも小さい場合は負の値となります。そして，Rで標準化頻度を求めるには，scale関数を使います。

```
> # 標準化頻度を計算
> scale.result <- scale(robespierre)
> # 小数点以下2位までを表示
> round(scale.result, 2)
              D1    D2    D3    D4    D5
de         -0.30 -0.28 -0.31 -0.29 -0.31
peuple     -0.43 -0.43 -0.43 -0.44 -0.43
republique -0.43 -0.44 -0.43 -0.43 -0.43
ennemi     -0.43 -0.44 -0.43 -0.44 -0.44
patrie     -0.44 -0.45 -0.43 -0.44 -0.44
```

```
others          2.04  2.04  2.04  2.04  2.04
                  D6    D7    D8    D9   D10
de             -0.31 -0.31 -0.32 -0.30 -0.31
peuple         -0.42 -0.43 -0.42 -0.43 -0.43
republique     -0.44 -0.43 -0.43 -0.44 -0.43
ennemi         -0.44 -0.44 -0.44 -0.44 -0.43
patrie         -0.44 -0.43 -0.43 -0.43 -0.43
others          2.04  2.04  2.04  2.04  2.04
        (以下略)
```

ここでも，念のために検算をしてみましょう。D1 における de の観測頻度（464）から標準化頻度を求めるには，以下のように，観測頻度から列の平均値を引いて，その値を列の標準偏差で割ります。

```
> # D1におけるdeの観測頻度（1行目，1列目）
> robespierre[1, 1]
[1] 464
> # 列ごとの平均値
> apply(robespierre, 2, mean)
       D1        D2        D3        D4        D5
1399.1667  426.3333  653.3333 1150.5000 1316.0000
       D6        D7        D8        D9       D10
 759.1667 1690.3333  343.8333  180.6667 2322.1667
> # 列ごとの標準偏差
> apply(robespierre, 2, sd)
       D1        D2        D3        D4        D5
3147.9423  942.9413 1478.6245 2596.1397 2969.9688
       D6        D7        D8        D9       D10
1717.8197 3840.0721  773.8911  409.3359 5283.8755
> # 標準化頻度の検算
> (464 - 1399.1667) / 3147.9423
[1] -0.2970724
```

このように，相対頻度と標準化頻度は異なるものです。しかし，総語数の異なるテキストから得られた観測頻度を比較可能な値に変換する，という点では同じ役割を果たします。

もう一歩先へ

RMeCab パッケージを使う場合は，**TF-IDF**（term frequency-inverted document frequency）による単語の重み付けを行うことができます。この技法は，各テキストに特徴的な単語を抽出するためのもので，情報検索や文章要約の分野で活用されています（小町，2016）。具体的には，TF（単語の観測頻度）と IDF（その単語が出現するテキストの数でテキストの総数を割った値の対数を取った値）を掛けあわせることで求めます。そして，TF-IDF の値が大きいほど，そのテキストに特徴的な単語ということになります。以下は，前節で用いた演説のデータを対象に，RMeCab パッケージの docDF 関数を用いて TF-IDF を計算した例です。なお，以下のコードは，本書付属のデータに含まれている speech フォルダを丸ごと作業ディレクトリにコピーしてから実行してください。

```
> # TF-IDFの計算
> tf.idf <- docDF("speech", type = 1, weight = "tf*idf")
file_name =  speech/Abe.txt opened
file_name =  speech/Aso.txt opened
file_name =  speech/Koizumi.txt opened
number of extracted terms = 1934
now making a data frame. wait a while!
> # 計算結果の確認
> head(tf.idf, 5)
  TERM    POS1      POS2      Abe.txt      Aso.txt Koizumi.txt
1    .    名詞  サ変接続     2.584963     0.000000           0
2         記号      空白    58.000000    69.000000          30
3    、   記号      読点   377.000000   303.000000         124
4    。   記号      句点   146.000000   206.000000          59
5    々   記号      一般     0.000000     2.584963           0
```

念のため，検算をしてみましょう。Abe.txt における「.」（1行目，4列目）の TF-IDF を計算する場合，TF は観測頻度（1），IDF はその単語が出現するテキストの数（1）でテキストの総数（3）を割った値の対数を取った値，となります[※5]。そして，対数の計算には，log2 関数を用います。ちなみに，docDF 関数では，TF-IDF が 0 となるのを防ぐために，TF * (IDF + 1) という計算式を用いて

※5　ちなみに，「.」が「名詞」と判定されているのは，MeCab による誤解析の可能性があります。

います（石田・小林，2013）。

```
> # 観測頻度の集計
> speech.result <- docDF("speech", type = 1)
file_name =  speech/Abe.txt opened
file_name =  speech/Aso.txt opened
file_name =  speech/Koizumi.txt opened
number of extracted terms = 1934
now making a data frame. wait a while!
> # 計算結果の確認
> head(speech.result)
  TERM   POS1      POS2  Abe.txt  Aso.txt  Koizumi.txt
1    .   名詞  サ変接続        1        0            0
2        記号      空白       58       69           30
3   、   記号      読点      377      303          124
4   。   記号      句点      146      206           59
5   々   記号      一般        0        1            0
6   ○   名詞        数        0        3            0
> # Abe.txt における「.」(1行目, 4列目) のTF-IDFを計算
> TF <- 1
> IDF <- log2(3 / 1)
> TF * (IDF + 1)
[1] 2.584963
```

このように，Abe.txt における「.」（1 行目，4 列目）の TF-IDF は 2.584963 となり，docDF 関数で TF-IDF を計算した結果と一致しています。なお，docDF 関数の引数 weight で tf * idf * norm を指定すると，標準化した TF-IDF を求めることも可能です。また，lsa パッケージ※6 の weightings 関数を用いれば，様々な重み付けを行うことができます。

※6　https://CRAN.R-project.org/package=lsa

Column … 構文解析

構文解析とは，文法的な規則に基づいて，文の構造を句や文節の単位で解析することです。日本語を対象とする構文解析においては，一般的に，文節同士の係り受け関係を解析します。たとえば，前述のように，「私は黒い猫が好きです」という文を解析し，「私は→好きです」や「黒い→猫」のような係り受け関係を特定します。主な日本語の構文解析器としては，MeCab などと連動した CaBoCha※7 と，JUMAN と連動した KNP※8 を挙げることができます。多くの構文解析器による係り受け関係の解析精度は，理想的な条件下で 80% 程度であるといわれています（金，2009a）。

※７　https://taku910.github.io/cabocha/
※８　http://nlp.ist.i.kyoto-u.ac.jp/?KNP

第8章 基本的な統計処理

8.1 検定と効果量

テキストマイニングでは，複数のテキストやコーパスにおける頻度を比較することが多くあります。そして，複数の頻度データの間に統計的に有意味な差，すなわち**有意差**（significance）が存在するかどうかを検証するために，**検定**（statistical testing）と呼ばれる統計処理が行われます。以下，常体と敬体に関するクロス集計表（5.3 節参照）を例として，検定を説明します。なお，検定を行う場合は，相対頻度や標準化頻度ではなく，観測頻度をそのまま用います。

```
> # クロス集計表の準備
> cross.tab <- matrix(c(96, 54, 52, 48), nrow = 2, ncol = 2,
+ byrow = TRUE)
> rownames(cross.tab) <- c("Male", "Female")
> colnames(cross.tab) <- c("Jotai", "Keitai")
> # クロス集計表の確認
> cross.tab
       Jotai Keitai
Male      96     54
Female    52     48
```

検定を行うにあたっては，まず，「データ間に差がない」という**帰無仮説**（null hypothesis）を立てます。上記のクロス集計表を分析する場合は，「男性／女性という性別の違いによる常体／敬体の使用頻度の差はない」という仮説を立てることになります。これに対して，「男性／女性という性別の違いによる常体／敬体の使用頻度の差はある」という仮説を**対立仮説**（alternative hypothesis）と呼びます。そして，帰無仮説が正しい確率を計算したあとで，その確率が非常に低い場合，帰無仮説を棄却し，「男性／女性という性別の違いによる常体／敬体の使用頻度の差はある」という結論を下します。逆に，帰無仮説が正しい確率がある程度高い場合は，「男性／女性という性別の違いによる常体／敬体の使用頻度の差は見られない」と結論付けます[※1]。その際，帰無仮説が正しい確率が高いか低いか，を判断する基準を**有意水準**（significance level）と呼びます。

統計的な検定には様々なものがありますが，常体と敬体などの頻度差を分析する場合には，**フィッシャーの正確確率検定**（Fisher's exact test）を用います。Rでは，この手法を fisher.test 関数で実行することができます。

```
> # フィッシャーの正確確率検定
> fisher.test(cross.tab)

	Fisher's Exact Test for Count Data

data:  cross.tab
p-value = 0.06652
alternative hypothesis: true odds ratio is not equal to 1
95 percent confidence interval:
 0.9486795 2.8353356
sample estimates:
odds ratio
  1.637761
```

fisher.test 関数の実行結果には，分析対象としたデータ（data），***p* 値**（p-value），**95% 信頼区間**（95 percent confidence interval），**オッズ比**（odds ratio）などの情報が含まれています。p 値とは，帰無仮説が正しい確率，つまり，データ間に有意味な差のない確率です。一般的に，p 値が 0.05（= 5%）よりも小さい場合は，データ間に差がない確率（帰無仮説が正しい確率）が非常に低いとみなし，「データ間に差がある」と考えます[※2]。上記の例では，p 値が 0.06652 であるため，「男性／女性という性別の違いによる常体／敬体の

※1　帰無仮説が棄却された場合，「～の差はない」という結論ではなく，「～の差は見られない」（＝差があるかもしれないが，今回の分析では発見されなかった）という結論が導かれることに注意してください。

※2　分野によっては，0.05 ではなく，0.01 や 0.001 のような有意水準が使われることもあります。そして，やや専門的な話になりますが，近年は，p 値だけで結論を導くのはよくないと考える立場も存在します（Wasserstein, 2016）。p 値以外に確認するべき統計値は分野によっても異なりますが，本節の後段で説明する信頼区間や効果量を論文などに併記するのが一般的です。

使用頻度の差はない」という帰無仮説を受け入れます。信頼区間とオッズ比については本節の後段で説明します。

分野によっては，頻度差の分析に**カイ自乗検定**（chi-squared test）が用いられることもあります。カイ自乗検定は，フィッシャーの正確確率検定と異なり，クロス集計表に小さい値が含まれている場合に，計算結果が不正確となります（山田，2010）。フィッシャーの正確確率検定はカイ自乗検定よりも計算に時間がかかるという欠点がありますが，現在は（これらの検定手法が発明された100年前とは違い）コンピュータで確率を計算するため，ここではフィッシャーの正確確率検定を推奨します。ちなみに，Rでカイ自乗検定を行いたいときは，`chisq.test`関数を使います。その際，引数`correct`で`FALSE`を指定し，イェーツの連続補正を行わない設定にしてください（イェーツの連続補正はクロス集計表に小さい値が含まれている場合に用いますが，この手法については賛否両論があります）。

```
> # カイ自乗検定
> chisq.test(cross.tab, correct = FALSE)

	Pearson's Chi-squared test

data:  cross.tab
X-squared = 3.5771, df = 1, p-value = 0.05858
```

また，ほとんどの検定手法は，2×2よりも大きいクロス集計表に対しても実行することが可能です。以下は，3つの異なる習熟度（Level）を持つ英語学習者が特定の文法項目を正しく使っていたか（Correct），それとも誤って使っていたか（Error），という頻度を集計したデータ（小林，2015a）を用いて，2×3のクロス集計表にフィッシャーの正確確率検定を実行した結果です。

```
> # 2×3のクロス集計表の準備
> cross.tab.2 <- matrix(c(805, 414, 226, 99, 38, 12),
+ nrow = 2, ncol = 3, byrow = TRUE)
> rownames(cross.tab.2) <- c("Correct", "Error")
> colnames(cross.tab.2) <- c("Level 1", "Level 2", "Level 3")
> # クロス集計表の確認
> cross.tab.2
```

```
          Level 1   Level 2  Level 3
Correct       805       414      226
Error          99        38       12
> # 2×3のクロス集計表にフィッシャーの正確確率検定を実行
> fisher.test(cross.tab.2)

        Fisher's Exact Test for Count Data

data:  cross.tab.2
p-value = 0.01198
alternative hypothesis: two.sided
```

上記の例では，p 値が 0.01198 で，帰無仮説が棄却されました。しかし，2×2 よりも大きいクロス集計表に検定を実行する場合に注意しなければならないのは，検定結果で有意差が見られたとしても，それは「表の『どこか』に差がある」ということを示しているに過ぎない，ということです。具体的に「どこに」差があるのか，を知るためには，**多重比較**（multiple comparison）という追加の分析をしなければなりません。たとえば，A，B，C という 3 つの列を持つクロス集計表全体の検定結果で，有意な差が見られたとします。その場合は，A と B，A と C，B と C という 2 列からなる全ての組み合わせに対して，検定を繰り返します。以下は，上記の 2 × 3 のクロス集計表に対して多重比較を行った結果です。

```
> # 1列目と2列目を検定
> fisher.test(cross.tab.2[, c(1, 2)])

        Fisher's Exact Test for Count Data

data:  cross.tab.2[, c(1, 2)]
p-value = 0.1524
alternative hypothesis: true odds ratio is not equal to 1
95 percent confidence interval:
 0.4900635 1.1182218
sample estimates:
odds ratio
 0.7465143

> # 1列目と3列目を検定
> fisher.test(cross.tab.2[, c(1, 3)])
```

```
        Fisher's Exact Test for Count Data

data:  cross.tab.2[, c(1, 3)]
p-value = 0.004616
alternative hypothesis: true odds ratio is not equal to 1
95 percent confidence interval:
 0.2120659 0.8070807
sample estimates:
odds ratio
 0.4320075

> # 2列目と3列目を検定
> fisher.test(cross.tab.2[, c(2, 3)])

        Fisher's Exact Test for Count Data

data:  cross.tab.2[, c(2, 3)]
p-value = 0.1228
alternative hypothesis: true odds ratio is not equal to 1
95 percent confidence interval:
 0.2697796 1.1594656
sample estimates:
odds ratio
 0.5789038
```


この例では，同じ表のデータに対して3回検定を繰り返しています。そのような場合は，帰無仮説を棄却するための有意水準を3で割ります（$0.05/3 = 0.017$）。なぜかというと，有意水準が5%の検定を3回繰り返すと，帰無仮説が正しい確率が15%になってしまうからです（$5 \times 3 = 15$）。上記の例では，`Level 1`（1列目）と`Level 3`（3列目）を比較した結果のp値が`0.004616`（= 0.017よりも小さい）なので，有意な差があると判断されます。このように，検定をn回繰り返した場合に有意水準もnで割る，という手続きを**ボンフェローニ補正**（Bonferroni correction）といいます。ただし，nの数が大きくなるにつれて，データ中に存在するはずの差を正しく検出できなくなる，という欠点もあります（高見，2010）※3。したがって，行や列を多く含む表を分析する場合は，第9章で紹

※3　データ中に存在する差を正しく検出できないことを**第2種の誤り**（type 2 error）といいます。一方，データ中に存在しない差を誤って検出してしまうことを**第1種の誤り**（type 1 error）と呼びます。

介するような統計手法も検討してみてください。

検定は，データ間の差の有無を議論するときに便利な手法ですが，注意すべき点もあります。それは，検定結果がサンプルサイズ（表中の値の大きさ）の影響を受けることです。百聞は一見にしかず，ということで，以下に実例を示します。先ほど，男女による常体と敬体の頻度をまとめた表（cross.tab）にフィッシャーの正確確率検定を実行した結果，p 値が 0.06652 で，帰無仮説を棄却できませんでした。では，表中の全ての数値を 10 倍してから同じ検定を実行すると，どのような結果になるでしょうか。

```
> # 表中の数値を全て10倍
> cross.tab.3 <- cross.tab * 10
> # 10倍したデータの確認
> cross.tab.3
     [,1] [,2]
[1,]  960  540
[2,]  520  480
> # フィッシャーの正確確率検定
> fisher.test(cross.tab.3)

        Fisher's Exact Test for Count Data

data:  cross.tab.3
p-value = 2.723e-09
alternative hypothesis: true odds ratio is not equal to 1
95 percent confidence interval:
 1.389652 1.937579
sample estimates:
odds ratio
  1.640735
```

上記の結果を見ると，p 値が 2.723e-09 で，帰無仮説が棄却されました※4。いうまでもなく，96：54：52：48 と，960：540：520：480 は，同じ比率です。それにもかかわらず，表中の値が大きくなるほど，検定の結果として得られる p 値が小さくなるのです。テキストマイニングでは，大規模なコーパスにおける機

※4　ちなみに，2.723e−09 は，浮動小数点表示というもので，2.723 に 10 の −9 乗を掛けた値（＝2.723 の小数点を左に 9 桁だけ移動した値）に対応します。つまり，e が含まれている値は，限りなく 0 に近い（＝非常に小さい）値です。

能語の頻度を集計すると，個々のセルに入る数値が数千や数万にのぼることもありえます。そのため，p値だけでなく，**効果量**（effect size）と呼ばれるサンプルサイズの影響を受けない指標を確認することが不可欠となります。

頻度差の検定で用いる効果量としては，オッズ比が最も一般的です（Field, Miles, and Field, 2012）。オッズ比は，ある事象の起こりやすさを2つのデータで比較するために用いられる指標です。常体と敬体の表の例（cross.tab）でいえば，「男性における常体の頻度と敬体の頻度の割合」を「女性における常体の頻度と敬体の頻度の割合」で割ったものがオッズ比です。以下のコードでは，cross.tab[1, 1]（1行目1列目）が表中の96，cross.tab[2, 1]（2行目1列目）が52，cross.tab[1, 2]（1行目2列目）が54，cross.tab[2, 2]（2行目2列目）が48に，それぞれ対応しています。

```
> # オッズ比の計算
> (cross.tab[1, 1] / cross.tab[1, 2]) / (cross.tab[2, 1] /
+ cross.tab[2, 2])
[1] 1.641026
```

上記のコードからもわかるように，オッズ比の計算は非常に簡単です※5。オッズ比の下限は0で，もしオッズ比が1を上回っている場合は，「男性が常体を使う割合」の方が「女性が常体を使う割合」よりも大きいことを意味します。

また，効果量はサンプルサイズの影響を受けないため，表中の全ての数値を10倍にしたデータ（cross.tab.3）でオッズ比を計算しても，その結果は，10倍する前のデータの結果と同じです。

```
> # 10倍したデータでオッズ比を計算
> (cross.tab.3[1, 1] / cross.tab.3[2, 1]) /
+ (cross.tab.3[1, 2] / cross.tab.3[2, 2])
[1] 1.641026
```

オッズ比の計算には，vcdパッケージ※6のoddsratio関数を使うのが便利で

※5　オッズ比の計算には様々なものがあるため，fisher.test関数で求めた値とは微妙に異なっています。オッズ比の計算方法の違いについては，奥村（2016）を参照してください。

※6　https://CRAN.R-project.org/package=vcd

す。この関数を使えば，オッズ比の信頼区間も簡単に計算することができます。オッズ比の信頼区間は，真のオッズ比が95%の確率で存在すると推測される範囲を表しています※7。そして，もし信頼区間に1が含まれていれば，データ間の差はない（＝オッズ比は1である），という帰無仮説を採択します。逆に，信頼区間に1が含まれていなければ，帰無仮説を棄却し，データに有意な差がある，という結論を導きます（金，2016）。oddsratio関数を用いる場合は，上記の計算結果と合わせるために，引数logでFALSEを指定してください。

```
> # 追加パッケージのインストール（初回のみ）
> install.packages("vcd", dependencies = TRUE)
> # 追加パッケージの読み込み（Rを起動するごとに毎回）
> library(vcd)
> # オッズ比の計算
> oddsratio(cross.tab, log = FALSE)
odds ratios for and

[1] 1.641026
> # オッズ比の信頼区間（下限値，上限値）の計算
> confint(oddsratio(cross.tab, log = FALSE))
                                2.5 %    97.5 %
Male:Female/Jotai:Keitai   0.9806729  2.746038
```

前述のように，検定結果として得られるp値の大きさは，必ずしも効果量の大きさと一致しません。つまり，検定結果で有意な差が見られても実質的な差が小さい場合もあれば，有意な差が見られなくても実質的な差が大きい場合も考えられます。したがって，有意差の有無にかかわらず，効果量と信頼区間も提示するべきでしょう（Kline, 2004）。

ちなみに，2×2よりも大きいクロス集計表からオッズ比を求めることはでき

※7　ここで，「真のオッズ比」という表現の補足説明をします。2.1節で述べたように，テキストマイニングでは標本調査が行われることが多く，標本を分析することで母集団の特性を推定します。ただ，そのときに問題となるのは，標本から得られた値が母集団の値（真の値）と必ずしも一致しないことです（標本から得られた値と母集団の値の差のことを標本誤差といいます）。そこで，母集団の値をピンポイントで推定（点推定）するのではなく，「母集団の値が一定の確率でこの範囲に存在する」と推定値に一定の幅を持たせます（区間推定）。そして，その幅のことを信頼区間と呼びます。ここでの分析でいえば，標本から得られたオッズ比が1.641026で，母集団のオッズ比が95%の確率で存在する範囲が0.9806729から2.746038となります。

ません。その場合には，vcd パッケージの assocstats 関数を用いて，**クラメールの *V***（Cramer's *V*）という指標を計算します※8。クラメールの *V* を使えば，2×2 よりも大きい表から効果量を求めることができます。

```
> # クラメールのVの計算
> V <- assocstats(cross.tab.2)
> V
                    X^2 df  P(> X^2)
Likelihood Ratio 9.2592  2 0.0097588
Pearson          8.4224  2 0.0148289

Phi-Coefficient   :    NA
Contingency Coeff.: 0.072
Cramer's V        : 0.073
```

上記の例では，クラメールの *V* が 0.073 です。クラメールの *V* がどれぐらいであれば実質的な差があるのか，に関する絶対的な基準はありません。しかし，Cohen（1988）などでは，クラメールの *V* が 0.1 以上で「効果量小」，0.3 以上で「効果量中」，0.5 以上で「効果量大」であるとされています（効果量が大きいほど，実質的な差も大きいことを意味します）。

クラメールの *V* の信頼区間を求める方法は複数存在します。たとえば，RVAideMemoire パッケージ※9の cramer.test 関数を使えば，ブートストラップという手法※10を用いて信頼区間を求めることが可能です。

```
> # 追加パッケージのインストール（初回のみ）
> install.packages("RVAideMemoire", dependencies = TRUE)
> # 追加パッケージの読み込み（Rを起動するごとに毎回）
> library(RVAideMemoire)
> # クラメールのVの信頼区間（下限値，上限値）の計算
> cramer.test(cross.tab.2)

        Cramér's association coefficient

data:  cross.tab.2
```

※8　クラメールの *V* の計算方法については，南風原（2014）などを参照してください。
※9　https://CRAN.R-project.org/package=RVAideMemoire
※10　ブートストラップとは，手許のデータから一部のデータを繰り返し抽出することで，疑似データセットを作成し，様々な統計量の推定を行う手法です（汪・桜井，2011）。

```
X-squared = 8.4224, df = 2, p-value = 0.01483
alternative hypothesis: true association is not equal to 0
95 percent confidence interval:
 0.0338960 0.1172581
sample estimates:
         V
0.07268964
```

この例では，クラメールの V の信頼区間の下限値と上限値は，それぞれ 0.0338960 と 0.1172581 となっています。また，userfriendlyscience パッケージ※11 の confIntV 関数を使えば，フィッシャーの z という指標を用いて信頼区間を求めることができます。

Column … 特徴語抽出

複数のテキストを比較する場合，それぞれのテキストを特徴付ける語彙を特定することは，非常に有益です。たとえば，情報検索の分野では，TF-IDF（7.2 節参照）などが特徴語抽出のための指標として用いられています。それに対して，コーパス言語学の分野では，カイ自乗検定などの検定手法を用いて，特徴語抽出が行われています（石川，2012）。具体的には，2 つ（以上）のテキストに生起する全ての単語に対して検定を行い，カイ自乗値などの検定統計量が大きい順に並び替えて，検定統計量が大きい上位 n 語を「特徴語」とみなします。

コーパス言語学における特徴語抽出は，同じデータに対して検定を繰り返しているため，データ中に存在しない差を誤って検出してしまう可能性（第 1 種の誤り）を統制する必要があるようにも見えます。しかしながら，コーパス言語学の特徴語抽出では，統計的に有意味な頻度の差があるか否か，についての判断を下しているのではなく，頻度の違いの大きさを検定統計量で順位付けしているのです。通常，検定は，手許のデータ（標本）から母集団の特性を推定するための手法として用いられます。しかし，コーパス言語学的な特徴語抽出では，母集団の特性を推定するためではなく，手許のデータを記述するために検定が用いられている，と考えることができます。

※11　https://CRAN.R-project.org/package=userfriendlyscience

8.2 相関と回帰

本節では，複数のデータの関連性を分析するために**相関分析**（correlation analysis）と**回帰分析**（regression analysis）を使います。まず，相関分析とは，複数の変数がどの程度の強さで相互に関係しているか，を調べるための統計手法です。たとえば，気温を x 軸に，アイスクリームの売上を y 軸にとった散布図を描いたとすると，気温が上がる（x 軸の右側に移動する）につれて，アイスクリームの売上も上がる（y 軸の上側に移動する）でしょう。そのとき，x 軸の値と y 軸の値が右上がりの直線に近づくほど，両者の結びつきの強さを表す**相関係数**（correlation coefficient）は高くなります（このような関係を正の相関といいます）。また，気温が下がる（x 軸の左側に移動する）につれて，おでんの売上が上がる（y 軸の上側に移動する）といった右下がりの関係でも，2 つの変数の結びつきが強いほど，相関係数の絶対値は高くなります（ただし，このような場合は，係数にマイナスの符号が付き，負の相関と呼びます）。そして，相関係数が 0 の場合，2 つの変数の間にまったく関連性がない，ということになります。**図 8.1** は，相関係数のイメージです。この図を見ると，相関係数の絶対値が大きくなるほど，2 つの変数は直線的な関係に近づいていきます。

R で相関係数を計算するには，`cor` 関数を用います。相関係数の計算には，観測頻度をそのまま使うこともできますし，相対頻度や標準化頻度を使うこともできます。以下は，`corpora` パッケージの `BNCbiber` データセット（5.1 節参照）における過去形の頻度（2 列目）と現在形の頻度（4 列目）から相関係数を求めた結果です。

```
> # 追加パッケージのインストール（初回のみ）
> install.packages("corpora", dependencies = TRUE)
> # 追加パッケージの読み込み（Rを起動するごとに毎回）
> library(corpora)
> # データセットの準備
> data(BNCbiber)
> # データの冒頭の5行のみを表示
> head(BNCbiber, 5)
   id f_01_past_tense f_02_perfect_aspect f_03_present_tense
1 A00       17.291833            9.177973           48.81617
```

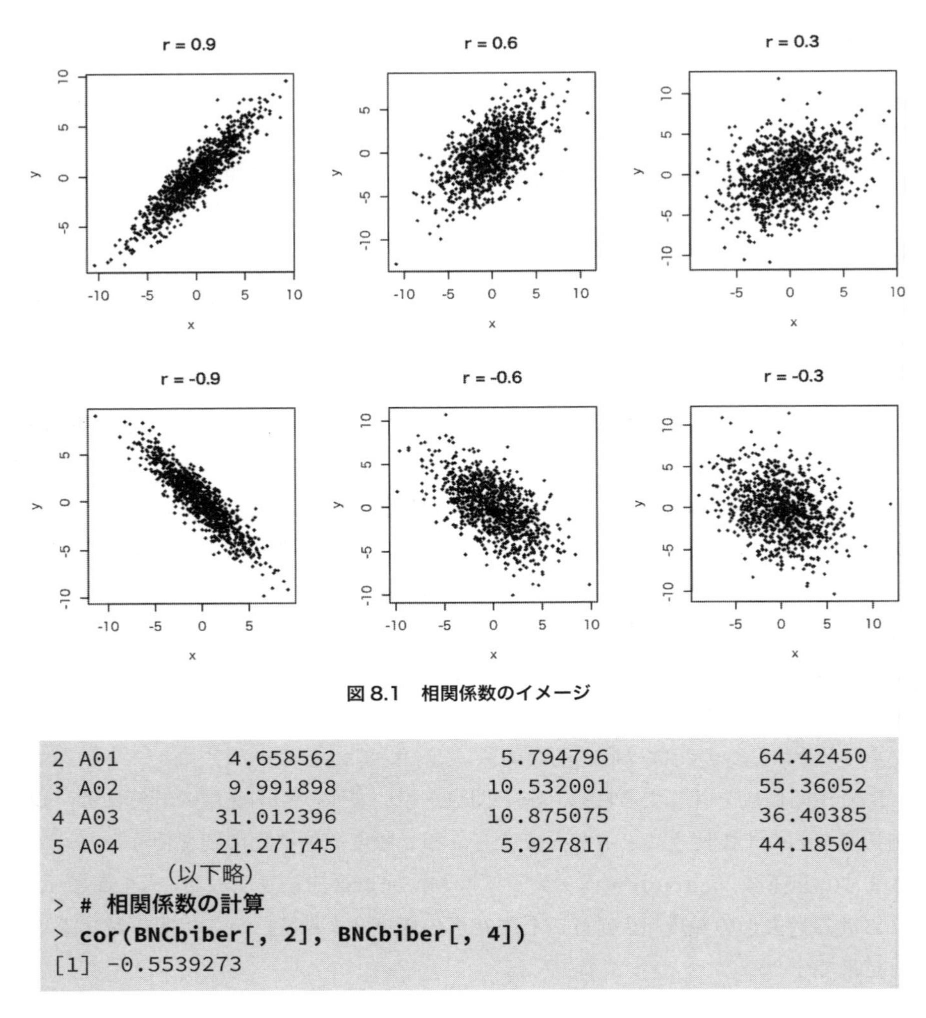

図 8.1　相関係数のイメージ

```
2 A01         4.658562                   5.794796                   64.42450
3 A02         9.991898                  10.532001                   55.36052
4 A03        31.012396                  10.875075                   36.40385
5 A04        21.271745                   5.927817                   44.18504
        （以下略）
> # 相関係数の計算
> cor(BNCbiber[, 2], BNCbiber[, 4])
[1] -0.5539273
```

この結果を見ると，BNCbiber データセットにおける過去形の頻度と現在形の頻度の相関係数は -0.5539273 で，中程度の負の相関があることがわかります。相関係数の値と関連性の強さに関する絶対的な基準はありませんが，吉田（1998）は，相関係数が 0 ～ 0.2 だと「ほとんど相関なし」，0.2 ～ 0.4 だと「弱い相関あり」，0.4 ～ 0.7 だと「比較的強い相関あり」，0.7 ～ 1 だと「強い相関あり」であるとしています。ただし，相関分析を行うときは，係数だけを鵜呑みにせず，散布図を描いてみて，データ間の関係を視覚的にも確認するように心がけましょう。

```
> # 散布図の描画
> plot(BNCbiber[, 2], BNCbiber[, 4], xlab = "past tense",
+ ylab = "present tense")
```

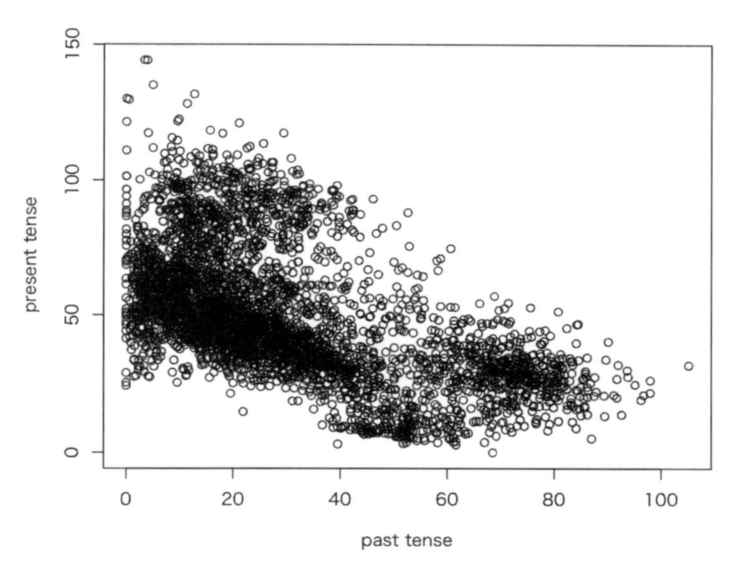

図 8.2　過去形の頻度と現在形の頻度の散布図

また，cor.test 関数を使うことで，2 つの変数の間に相関関係があるかどうか，に関する検定（無相関検定）を行うことができます。この検定では，「相関係数が 0 である」という帰無仮説を立てます。

```
> # 無相関検定
> cor.test(BNCbiber[, 2], BNCbiber[, 4])

        Pearson's product-moment correlation

data:  BNCbiber[, 2] and BNCbiber[, 4]
t = -42.3202, df = 4046, p-value < 2.2e-16
alternative hypothesis: true correlation is not equal to 0
95 percent confidence interval:
 -0.5749235 -0.5322022
sample estimates:
       cor
-0.5539273
```

この結果を見ると，p 値は 2.2e-16 で，帰無仮説が棄却されます。つまり，過去形の頻度と現在形の頻度の間には有意な相関関係がある，ということになります。さらに，相関係数の 95% 信頼区間なども表示されています。

ちなみに，統計学では，様々な相関係数が提案されています。cor 関数がデフォルトで計算するのは，**ピアソンの積率相関係数**（Pearson's product-moment correlation coefficient）という指標で，最も一般的な相関係数です。しかし，この指標は，（特に，データの数が少ないときに）外れ値の影響を受けやすい，という欠点を持っています。そのような場合は，**スピアマンの順位相関係数**（Spearman's rank correlation coefficient）を使います。平均値と中央値の違い（4.3 節参照）の説明でも述べたように，データを順位に変換することで，外れ値の影響を緩和することができます。R でスピアマンの順位相関係数を求めるには，cor 関数の引数 method で spearman を指定します。

```
> # スピアマンの順位相関係数の計算
> cor(BNCbiber[, 2], BNCbiber[, 4], method = "spearman")
[1] -0.6039194
```

そして，cor 関数を使うと，3 つ以上の変数の相関関係を同時に調べることもできます。以下は，BNCbiber データセットにおける過去形の頻度（2 列目），完了形の頻度（3 列目），現在形の頻度（4 列目）の 3 変数の相関係数を求めた結果です。

```
> # ピアソンの積率相関係数
> cor(BNCbiber[, 2 : 4])
                    f_01_past_tense f_02_perfect_aspect f_03_present_tense
f_01_past_tense           1.0000000          0.33494123        -0.55392734
f_02_perfect_aspect       0.3349412          1.00000000         0.06306283
f_03_present_tense       -0.5539273          0.06306283         1.00000000
> # スピアマンの順位相関係数の計算
> cor(BNCbiber[, 2 : 4], method = "spearman")
                    f_01_past_tense f_02_perfect_aspect f_03_present_tense
f_01_past_tense           1.0000000          0.40112489        -0.60391940
f_02_perfect_aspect       0.4011249          1.00000000        -0.02280638
f_03_present_tense       -0.6039194         -0.02280638         1.00000000
```

上記のような相関係数の行列を**相関行列**（correlation matrix）といいます。この相関行列（ピアソンの積率相関係数）を見ると，過去形と完了形の相関係数が0.33494123，過去形と現在形の相関係数が-0.55392734，完了形と現在形の相関係数が0.06306283，であることがわかります。なお，psychパッケージ※12のpairs.panels関数を用いると，相関行列と散布図行列を合わせたようなグラフを作成することができます（**図8.3**）。複数の変数からなるデータを分析する場合，このような可視化が非常に有効です。

```
> # 追加パッケージのインストール（初回のみ）
> install.packages("psych", dependencies = TRUE)
> # 追加パッケージの読み込み（Rを起動するごとに毎回）
> library(psych)
> # 相関係数が表示された散布図行列の作成
> pairs.panels(BNCbiber[, 2 : 4])
```

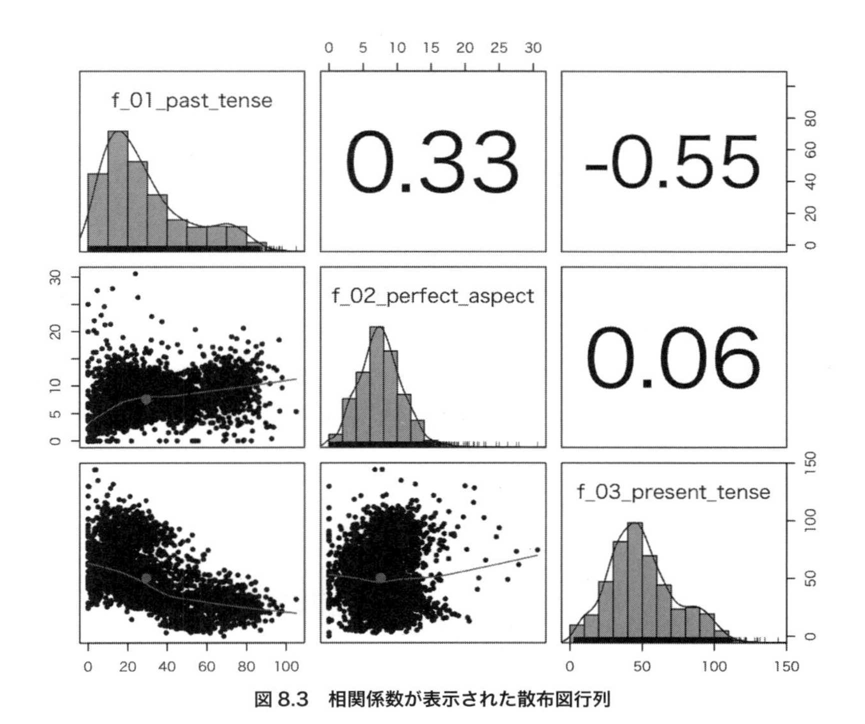

図8.3　相関係数が表示された散布図行列

※12　https://CRAN.R-project.org/package=psych

相関係数を調べるときは，データの取り方にも注意しましょう。たとえば，ある喫茶店におけるコーヒーの売上と気温の関係を調べたところ，ほとんど相関が見られませんでした。しかし，この「コーヒー」の売上を「アイスコーヒー」と「ホットコーヒー」の2つのカテゴリーに分けて集計したら，アイスコーヒーの売上と気温には正の相関関係，ホットコーヒーの売上と気温には負の相関関係，が見られるかもしれません。このようにデータを分割して求める相関のことを分割相関や層別相関と呼びます。

また，相関係数を解釈するときは，**疑似相関**（spurious correlation）に気をつけましょう。アイスコーヒーの売上と水難事故の発生件数は高い相関関係を示す可能性がありますが，それはアイスコーヒーを飲むと誰かが溺れるわけでも，誰かが溺れるとアイスコーヒーが売れるわけでもありません。実際は，気温という隠れた第3の要因によって，アイスコーヒーの売上が上がるという現象，海や川で泳ぐ人が増えることで水難事故も増加する現象，という別々の現象が同時に引き起こされているのに過ぎません※13。

そして，相関関係と因果関係を混同しないようにしましょう。気温が上がったことでアイスコーヒーの売上が上がることはあっても，アイスコーヒーの売上が上がったことで気温も上がるわけではありません。どちらがどちらに影響を及ぼしているのか（どちらが「原因」でどちらが「結果」なのか），という矢印の向きをよく考えましょう。

続いて，回帰分析について説明します。回帰分析とは，「原因」となる変数と「結果」となる変数の間の関係を回帰式と呼ばれる数式で表現する手法です（豊田，2012）。このとき，ある現象の原因として定義する変数を**説明変数**（explanatory variable），結果として定義する変数を**目的変数**（criterion variable）と呼びます※14。回帰式は，

$$Y = a \times X + b$$

のような数式で表現されます。この式では，Xが説明変数，Yが目的変数を表しています。また，回帰式を1次関数のグラフとして表現した場合，aは直線の傾

※13　Vigen（2015）は，世の中に存在する様々な疑似相関を集めた興味深い本です。
※14　説明変数のことを**独立変数**（independent variable），目的変数のことを**従属変数**（dependent variable）などと呼ぶこともあります。

き（回帰係数），b は直線と Y 軸の交点（切片）を表します。

回帰分析の主な目的は，説明変数を用いて目的変数を「予測」することです。しかし，説明変数と目的変数の関係を数学的に「記述」することを目的とする場合もあります。また，説明変数を1つだけ使う回帰分析を**単回帰分析**（simple regression analysis），説明変数を2つ以上使う回帰分析を**重回帰分析**（multiple regression analysis）といいます。たとえば，「駅からの距離」という1つの説明変数から「家賃」を予測する回帰分析が単回帰分析で，「駅からの距離」や「築年数」などの複数の説明変数から「家賃」を予測する回帰分析は重回帰分析です。なお，重回帰分析の場合は，

$$Y = a_1 \times X_1 + a_2 \times X_2 + \cdots + a_n \times X_n + b$$

のように，複数の X_i（説明変数）や a_i（偏回帰係数）を持つ回帰式を導きます。

R で回帰分析を行う方法は複数ありますが，ここでは `lm` 関数を用います。`lm` 関数は，`lm(目的変数 ~ 説明変数)` という書式で使います。以下は，`BNCbiber` データセットにおける過去形の頻度（2列目）を目的変数とし，現在形の頻度（4列目）を説明変数とする単回帰分析の結果です。なお，回帰分析には，相対頻度や標準化頻度を用いるのが一般的です。相対化もしくは標準化をしていない頻度を用いた場合，分析の結果として得られる回帰式の解釈が難しくなります。

```
> # 単回帰分析
> lm.result <- lm(BNCbiber[, 2] ~ BNCbiber[, 4])
> # 結果の確認
> lm.result

Call:
lm(formula = BNCbiber[, 2] ~ BNCbiber[, 4])

Coefficients:
  (Intercept)  BNCbiber[, 4]
     55.0309        -0.5098
```

上記の結果における係数（`Coefficients`）を見ると，切片（`Intercept`）が `55.0309`，説明変数である現在形の偏回帰係数が `-0.5098`，であることがわ

かります。これらの値を回帰式に当てはめると，

$$テキストにおける過去形の頻度 = (-0.5098) \times 現在形の頻度 + 55.0309$$

となります。

回帰分析の結果を可視化するには，abline 関数を用います。以下の例では，点の色を灰色に変更することで，回帰直線（回帰分析の結果として得られる直線）を見やすくしています（**図 8.4**）。

```
> # 回帰式の可視化
> plot(BNCbiber[, 4], BNCbiber[, 2], xlab = "present tense",
+ ylab = "past tense", pch = 16, col = "grey")
> abline(lm.result)
```

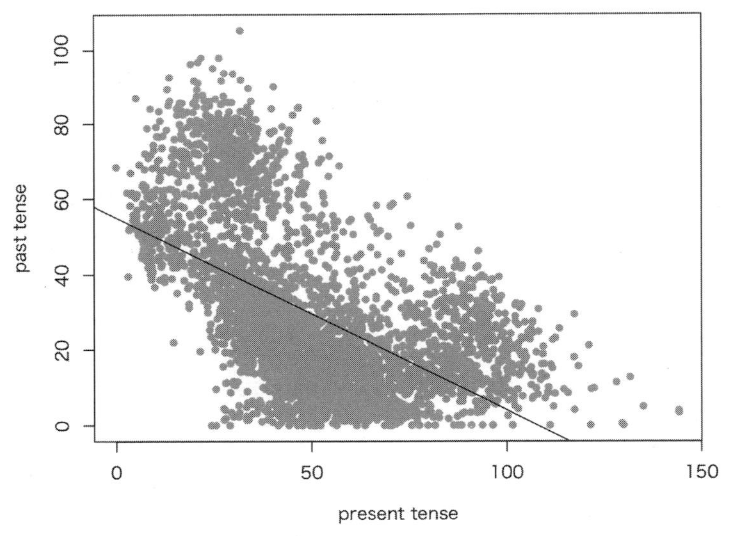

図 8.4　回帰式の可視化

テキストマイニングで回帰分析を使う場合，目的変数に「年」や「月」のような時系列のデータを用いることがあります。たとえば，金（2009b）は，格助詞や接続助詞などの頻度（説明変数）から，芥川龍之介の作品が執筆された年（目的変数）を予測しています。また，小林・天笠・鈴木（2015）は，品詞や語種などの頻度（説明変数）から，J-POP の歌詞が流行した年（目的変数）を予測

しています。

もう一歩先へ

Rで重回帰分析を行う場合は，単回帰分析の場合と同様，lm関数を使います。その際は，lm(目的変数 ~ 説明変数1 + 説明変数2)という書式で，説明変数をプラス記号で列挙します。以下は，BNCbiberデータセットにおける過去形の頻度（2列目）を目的変数とし，完了形の頻度（3列目）と現在形の頻度（4列目）を説明変数とする重回帰分析の結果です。

```
> # 重回帰分析
> lm.result.2 <-
+ lm(BNCbiber[, 2] ~ BNCbiber[, 3] + BNCbiber[, 4])
> # 結果の確認
> lm.result.2

Call:
lm(formula = BNCbiber[, 2] ~ BNCbiber[, 3] + BNCbiber[, 4])

Coefficients:
  (Intercept)  BNCbiber[, 3]  BNCbiber[, 4]
      37.7241         2.4218        -0.5313
```

上記の結果を見ると，

テキストにおける過去形の頻度
$= 2.4218 \times$ 完了形の頻度 $+(-0.5313) \times$ 現在形の頻度 $+ 37.7241$

という関係が成り立つことがわかります。このように，重回帰分析を使うと，複数の説明変数が目的変数とどのような関係にあるのか，を数量的に表現することができます。

ここでは，重回帰分析に2つの説明変数を使いましたが，3つ以上の説明変数を用いることも可能です。ただし，多くの説明変数を用いる重回帰分析では，**多重共線性**（multicolinearity）に注意する必要があります。やや専門的な話になりますが，多重共線性とは，2つの説明変数の間に強い相関関係があるときに起こる問題のことです。多重共線性が生じると，常識的に正の値になると考えられる偏回帰係数が負の値になったり，負の値になると考えられる偏回帰係数が正の値になったりします。また，データの数を少し変えただけで偏回帰係数の値が大きく変動することもあり，回帰分析の結果が不安定になります。このような多重共線性の問題を回避する方法の１つとしては，事前に相関分析を行い，強い相関関係を持つ２つの説明変数のうちのいずれかを除外する，という手があります。あるいは，**変数選択**（variable selection）と呼ばれる統計的な手法を使って，回帰分析に用いる説明変数を自動的に選択することも可能です。R で変数選択を行う場合は，`step` 関数などを使います。回帰分析の詳細，そして，変数選択の方法については，豊田（2012）などを参照してください。

第9章 発展的な統計処理

9.1 テキストのグループ化

実際のテキストマイニングでは，少数のテキストを分析するだけでなく，多くのテキストを同時に分析する場合もあります。また，多くの変数を分析することもあります。しかし，多くの行や列を持つクロス集計表（7.2 節参照）を効率的に分析するには，**多変量解析**（multivariate analysis）と呼ばれる解析手法の知識が必要となります※1。本章では，多変量解析の1つとして，テキストを自動で分類するための手法を紹介します。なお，統計的な分類には，大きく分けて，**クラスタリング**（clustering）と**カテゴライゼーション**（categorization）の2種類があります※2。前者は目的変数を持たないデータを似たもの同士でグループ化する手法で，後者は目的変数を持つデータを分類するための手法です。本書では，前者を「グループ化」，後者を「分類」と呼んで区別します。

本節では，テキストのグループ化について説明します。テキストをグループ化するための手法は数多く提案されていますが，テキストマイニングで最もよく使われる手法は**対応分析**（correspondence analysis）です。対応分析とは，クロス集計表に含まれる複雑な情報を2次元の散布図などでわかりやすく可視化するための手法です（Clausen, 1998）。データの構造を可視化することで，テキスト間の関係や変数間の関係を直感的に把握することを可能にします。

R で対応分析を行うための関数は複数存在しますが，ここでは，ca パッケージ※3 の ca 関数を使います。以下，ca パッケージの author データセットを用い

※1　ちなみに，重回帰分析（8.2 節参照）も多変量解析の1つです。

※2　クラスタリングを**教師なし学習**（unsupervised learning），カテゴライゼーションを**教師あり学習**（supervised learning）と呼ぶ場合もあります。

※3　https://CRAN.R-project.org/package=ca

た対応分析の例を示します。author データセットは，6人の作家によって書かれた12種類のテキストからアルファベット26文字の頻度を集計したものです。

```
> # 追加パッケージのインストール（初回のみ）
> install.packages("ca", dependencies = TRUE)
> # 追加パッケージの読み込み（Rを起動するごとに毎回）
> library(ca)
> # データセットの準備
> data(author)
> # データの冒頭の5行のみを表示
> head(author, 5)
                                a   b   c   d    e   f   g
three daughters (buck)        550 116 147 374 1015 131 131
drifters (michener)           515 109 172 311  827 167 136
lost world (clark)            590 112 181 265  940 137 119
east wind (buck)              557 129 128 343  996 158 129
farewell to arms (hemingway)  589  72 129 339  866 108 159
        （以下略）
```

このデータに対応分析を実行するには，以下のようなコードを書きます。なお，対応分析では，観測頻度を用いるのが一般的です（相対頻度を用いることもあります）※4。図 **9.1** は，対応分析の結果を可視化した散布図です。

```
> # 対応分析
> ca.result <- ca(author)
> # 結果の可視化
> plot(ca.result)
```

※4　対応分析では，負の値を解析対象としないため（Clausen, 1998），標準化頻度は使いません。

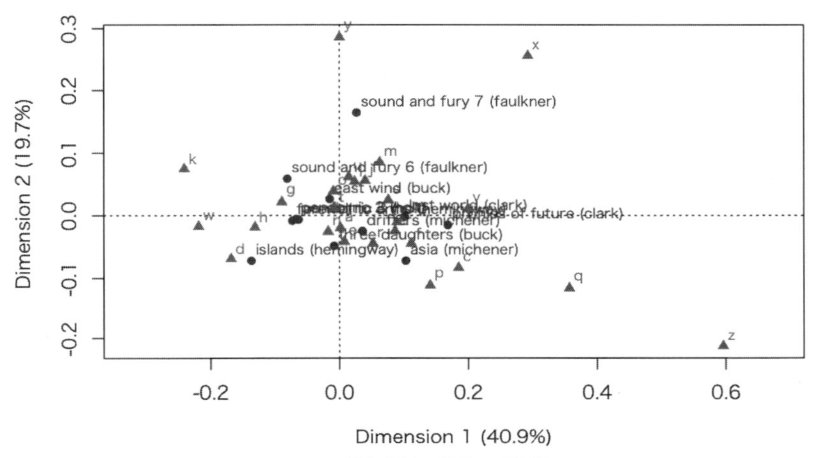

図 9.1　対応分析の結果の可視化

対応分析の結果として得られる散布図では，（変数 X の頻度が高く，変数 Y の頻度が低い，といった）各変数の頻度パターンの近いテキスト同士が近くに布置され，頻度パターンの異なるテキスト同士は遠くに布置されます。また，各テキストにおける頻度パターンの近い変数同士は近くに現れており，頻度パターンの異なる変数同士は遠くに現れています。なお，図 9.1 は，テキストと変数の両方を表示する**バイプロット**（biplot）という形式のグラフです。バイプロットは，テキストと変数の関連性を把握するのに便利ですが，テキストや変数の数が多いときには視認性が下がります。図が見づらい場合は，`plot` 関数の引数 `what` で，行データ（テキスト）もしくは列データ（変数）のみを表示する指定を行うことができます（**図 9.2**，**図 9.3**）。

```
> # 行データ（テキスト）のみを表示
> plot(ca.result, what = c("all", "none"))
> # 列データ（変数）のみを表示
> plot(ca.result, what = c("none", "all"))
```

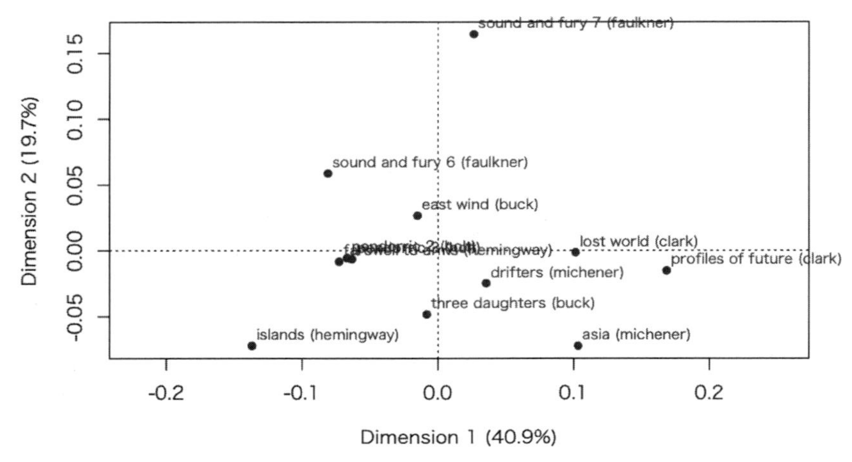

図 9.2　対応分析の結果の可視化（行データのみ）

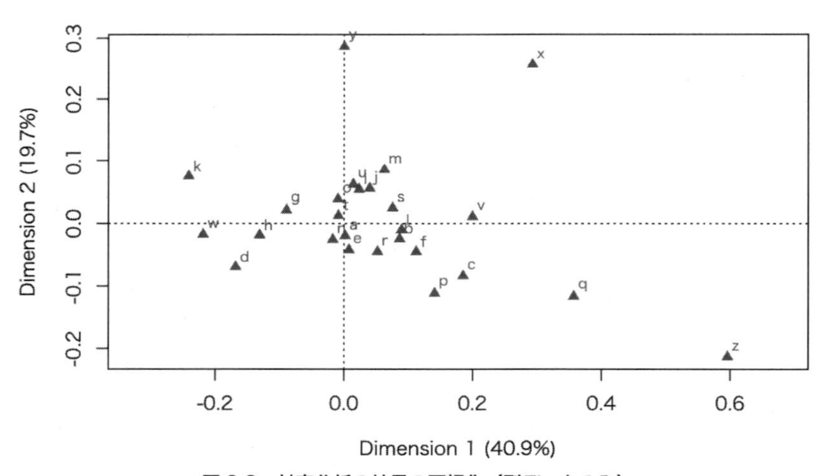

図 9.3　対応分析の結果の可視化（列データのみ）

図 9.2 を見ると，Faulkner が書いた 2 つのテキスト（sound and fury 6, sound and fury 7）がどちらも図の上側に位置しており，Clark が書いた 2 つのテキスト（lost world, profiles of future）はいずれも図の右側に位置しています。このことから，これらの 2 人の作家が書いたテキストは，アルファベット 26 文字の頻度パターンがよく似ていることがわかります。また, 図 9.3 における変数の分布は，図 9.2 におけるテキストの分布と対応しています。つま

り，図9.3の上側に位置するyなどの文字は図9.2の上側にあるテキスト（Faulknerなど）に特徴的で，図9.3の右側に位置するzなどの文字は図9.2の右側にあるテキスト（Clarkなど）に特徴的であることを示しています。そして，各軸のラベルに書かれている百分率は，各次元の**寄与率**（contribution rate）と呼ばれ，それぞれの次元が行と列のデータの関係をどれだけ説明できるものか，を表す指標です。

このように，対応分析を用いると，多数のテキストや変数の関係を視覚的に理解することができます。対応分析の散布図を解釈するコツは，各次元で大きい（もしくは，小さい）得点を持っている（各軸の両端に位置している）テキストや変数に注目することです。そして，軸の両端に分布するテキストや変数を見比べて，その軸が何と何を区別するものなのか，を考えます（これを軸の解釈といいます）。たとえば，第1次元（横軸）の左側に古いデータ，右側に新しいデータが分布していたら，その次元はデータの年代を表すものであると解釈します。もちろん，常に明確なパターンが各次元に見られるとは限りません。そのような場合は，（先ほどのauthorデータセットの例のように）図中で近くに分布しているテキスト同士（あるいは，変数同士）が何らかのグループを形成していないかどうか，を確認します。

なお，対応分析から得られた詳しい結果は，ca関数の実行結果を代入した変数（ca.result）の中に入っています。下記のコードのように，変数名$rowcoordや変数名$colcoordを入力すると，散布図の作成で使われている行データや列データの得点にアクセスすることができます。そして，これらの次元得点を並び替えると，各次元の解釈が容易になります。

```
> # 対応分析から得られた詳しい結果の確認
> ca.result
      （省略）
> # 行データの表示（第1～2次元のみ）
> ca.result$rowcoord[, 1 : 2]
                                  Dim1        Dim2
three daughters (buck)     -0.09538752 -0.79499877
drifters (michener)         0.40569713 -0.40555997
lost world (clark)          1.15780292 -0.02311367
east wind (buck)           -0.17390145  0.43444304
farewell to arms (hemingway) -0.83188579 -0.13648484
```

```
     (以下略)
> # 行データの第1次元の得点を並び替え
> sort(ca.result$rowcoord[, 1], decreasing = TRUE)
  profiles of future (clark)               asia (michener)
                  1.92406028                     1.17954765
     (以下略)
> # 行データの第2次元の得点を並び替え
> sort(ca.result$rowcoord[, 2], decreasing = TRUE)
 sound and fury 7 (faulkner)  sound and fury 6 (faulkner)
                  2.70759857                     0.96694446
     (以下略)
> # 列データの表示（第1 ～ 2次元のみ）
> ca.result$colcoord[, 1 : 2]
          Dim1        Dim2
a   0.017623091  -0.3202712
b   0.984463275  -0.3980318
c   2.115028591  -1.3734485
d  -1.925631512  -1.1353621
e   0.086721723  -0.6847848
     (以下略)
> # 列データの第1次元の得点を並び替え
> sort(ca.result$colcoord[, 1], decreasing = TRUE)
          z            q            x            v
 6.808100054  4.079786318  3.340505205  2.281332591
     (以下略)
> # 列データの第2次元の得点を並び替え
> sort(ca.result$colcoord[, 2], decreasing = TRUE)
        y          x          m          k
 4.7060827  4.2153553  1.4009657  1.2315573
     (以下略)
```

そして，テキストのみのグループ化，あるいは変数のみのグループ化をする場合は，**階層型クラスター分析**（hierarchical cluster analysis）が有効です。階層型クラスター分析とは，個々のデータの非類似度を「距離」として表現し，距離の近いデータ同士をまとめてクラスター（グループ）を作っていく手法です（Grimm and Yarnold, 2000）。具体的には，各データが未分類の状態から，少数のクラスターを次々と形成していき，最終的には全てのデータを含む大きなクラスターを形成します。

階層型クラスター分析では，どのような距離でデータ間の非類似度を測るか（データ間の距離の計算方法），どのようにクラスターを作るか（クラスター間の距離の計算方法), を指定する必要があります。R では, 前者の計算に dist 関数, 後者の計算に hclust 関数を用います。これらの関数では, 引数 method で様々な計算方法を指定することができます※5。テキストマイニングでは, dist 関数で**ユークリッド距離**（Euclidean distance）（euclidean）, hclust 関数で**ウォード法**（Ward's method）（ward.D2）を用いることが多いです。以下の例では, ユークリッド距離とウォード法を用いて, author データセットのテキストをグループ化します。また, 階層型クラスター分析には相対頻度もしくは標準化頻度を用いるため, apply 関数で相対頻度（7.2 節参照）を求めています。

```
> # 相対頻度の計算
> author.2 <- author / apply(author, 1, sum)
> # ユークリッド距離の計算
> dist.result <- dist(author.2, method = "euclidean")
> # 階層型クラスター分析（ウォード法）
> hclust.result <- hclust(dist.result, method = "ward.D2")
> # 結果の可視化
> plot(hclust.result)
```

階層型クラスター分析の結果は, **図 9.4** のような**樹形図**（dendrogram）の形で可視化されます。樹形図において, 2 つのテキストの距離（非類似度）は, それらのテキストを結ぶ線の長さと対応しています。つまり, 一番左の pendorric 3 (holt) と最も類似したテキストは隣の pendorric 2 (holt) で, その次に類似しているのは Buck の 2 作品（three daughters, east wind）となります。また, 図中の右側に位置する Faulkner, Michener, Clark の 3 人のテキストは Holt のテキストとの類似度が低い, ということになります。そして, この図を見ると, 同じ書き手による 2 つのテキストは, いずれも高い類似性を示しており, 作家ごとにアルファベットの使用パターンが異なることがわかります。

※5　dist 関数と hclust 関数で利用可能な計算方法に関しては, それぞれの関数のヘルプを参照してください。また, proxy パッケージ（https://CRAN.R-project.org/package=proxy）を使うと, dist 関数よりも多くの種類の距離を計算することが可能です。ただし, 階層型クラスター分析では, データ間やクラスター間の距離の計算方法によって, 結果が大きく変わることがあります。したがって, 最初は, 自分の分野で一般的な手法を選択するのが無難です。

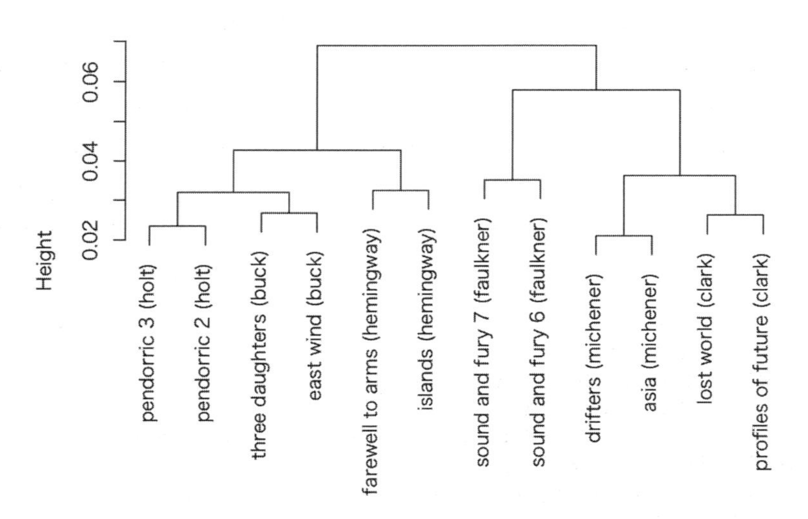

図 9.4　階層型クラスター分析（テキスト）

ちなみに，t 関数でデータセットの行列を入れ替えると，変数（アルファベット）のグループ化を行うことができます。**図 9.5** は，その結果です。この図を見ると，x，j，q，z が１つのグループを形成していることなどがわかります。

```
> # データセットの転置
> author.3 <- t(author.2)
> # ユークリッド距離の計算
> dist.result.2 <- dist(author.3, method = "euclidean")
> # 階層型クラスター分析（ウォード法)
> hclust.result.2 <- hclust(dist.result.2, method = "ward.D2")
> # 結果の可視化
> plot(hclust.result.2)
```

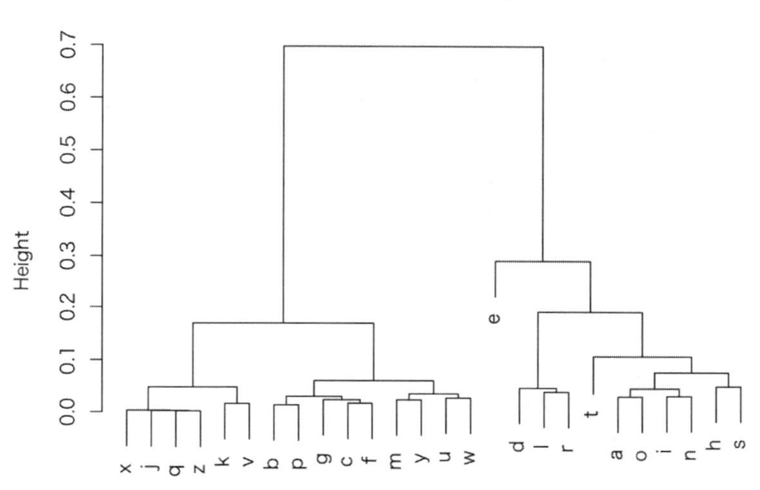

図 9.5 階層型クラスター分析（変数）

もう一歩先へ

階層型クラスター分析は，テキストや変数をグループ化するための有効な手段ですが，通常は，テキストか変数のいずれか一方しか分析することができません。しかし，**階層的クラスター付きのヒートマップ**（heat map with hierarchical clustering）という可視化手法を用いることで，テキストと変数を同時に分析することが可能です。R で階層型クラスター付きのヒートマップを作成する関数は複数存在しますが，ここではheatmap関数を使います。この関数では，ユークリッド距離と最遠隣法がデフォルトに設定されています。以下は，author データセットを使って，階層型クラスター付きのヒートマップを描いた例です。

```
> # 階層型クラスター付きのヒートマップ
> heatmap(author.2)
```

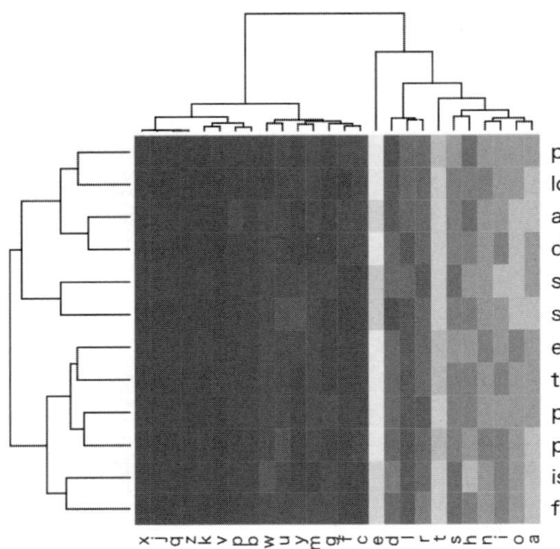

図 9.6　階層型クラスター付きのヒートマップ

図 9.6 を見ると，author データセットに含まれるテキストと変数が同時にグループ化されています。そして，中央の部分はヒートマップと呼ばれるグラフで，色の濃淡で分析対象としたクロス集計表における頻度の高低を表現しています[※6]。階層型クラスター付きのヒートマップは，テキストや変数のグループと，元のクロス集計表の情報を照合しながら解析結果を解釈できるため，非常に強力な可視化の手法といえます。さらに，gplots パッケージ[※7]の heatmap.2 関数などを用いることで，ヒートマップ上に頻度を数値で表示することもできます。階層型クラスター付きのヒートマップのカスタマイズや，heatmap.2 関数の使い方については，Kobayashi（2016）などを参照してください。

※6　heatmap 関数のデフォルトでは，頻度の低いセルを濃い色で，頻度の高いセルを薄い色で表しています。

※7　https://CRAN.R-project.org/package=gplots

Column … トピックモデル

近年のテキストマイニングでは，**トピックモデル**（topic model）が大きな注目を集めています。トピックモデルを使うと，テキストにおけるトピック（話題，ジャンル，書き手など）を推定することができます。たとえば，「広島が 10 日，東京ドームで行われた 2 位・巨人との直接対決を 6-4 で制し，91 年以来 25 年ぶり 7 度目の優勝を決めた」というテキストがあったときに，「広島」や「巨人」などの単語を手がかりとして，このテキストを「野球」や「スポーツ」といったトピックと関連付けます。それと同時に，各トピックを特徴付ける単語のリストが得られます。

この技術を活用すると，インターネットでいま話題になっているトピックを見つけたり，特定の嗜好を持つ顧客が好みそうな商品を推薦したりすることが可能になります。トピックモデルの理論については，岩田（2015）や佐藤（2015）を参照してください。また，R でトピックモデルを使いたい場合は，lda パッケージ※8 や topicmodels ※9 パッケージを利用します。

※ 8　https://CRAN.R-project.org/package=lda
※ 9　https://CRAN.R-project.org/package=topicmodels

9.2　テキストの分類

本節では，テキストの分類（カテゴライゼーション）について説明します。まず，最も基本的な分類手法である**線形判別分析**（linear discriminant analysis）を紹介します。線形判別分析とは，説明変数の頻度パターンを解析し，あらかじめ設定された複数のカテゴリー（群）に大量のデータを自動分類するための手法です（Grimm and Yarnold, 1995）。自動分類に用いる判別式（線形判別関数）は，説明変数が 2 つの場合，

$$Y = a_1 \times X_1 + a_2 \times X_2 + c$$

となります。この式は重回帰分析（8.1 節参照）の式と本質的に同じもので，この式から得られる値（判別得点）に基づいて分類が行われます。**図 9.7** は，説明変数が 2 つの場合の線形判別分析のイメージです。この図ではデータが●と▲という 2 つの群に分類されていますが，線形判別分析で 3 つ以上の群にデータを分類することも可能です。

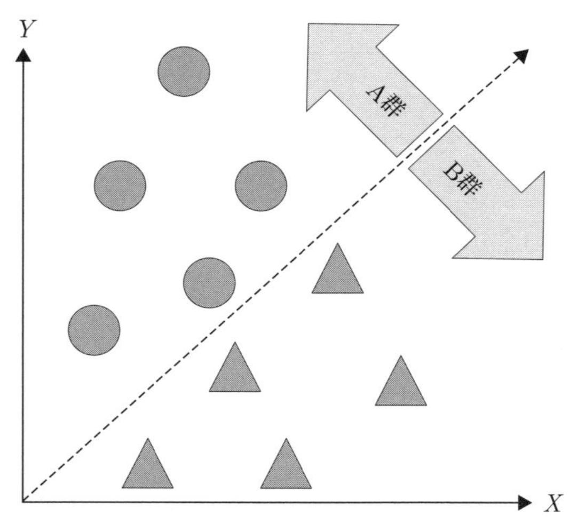

図 9.7　線形判別分析のイメージ

ここでは，kernlab パッケージ※10 の spam データセットを使って，線形判別分析によるスパムメール判定実験を行います。このデータセットは，4601 通の電子メールに含まれている 57 種類の単語や記号の頻度を集計したもので，個々のメールがスパムメールであるのか否か，という情報が付与されています。なお，線形判別分析には，回帰分析の場合と同じく，相対頻度もしくは標準化頻度を用いるのが一般的です。

```
> # 追加パッケージのインストール（初回のみ）
> install.packages("kernlab", dependencies = TRUE)
> # 追加パッケージの読み込み（Rを起動するごとに毎回）
> library(kernlab)
> # データセットの準備
> data(spam)
> # データの冒頭の5行のみを表示
> head(spam, 5)
  make address  all  num3d  our  over    (中略)   type
1 0.00    0.64 0.64      0 0.32 0.00    (中略)   spam
2 0.21    0.28 0.50      0 0.14 0.28    (中略)   spam
3 0.06    0.00 0.71      0 1.23 0.19    (中略)   spam
4 0.00    0.00 0.00      0 0.63 0.00    (中略)   spam
5 0.00    0.00 0.00      0 0.63 0.00    (中略)   spam
```

もし何らかの理由で kernlab パッケージをインストールできない場合は，本書付属データの spam.csv を読み込んでください。

```
> # CSVファイルからのデータ読み込み（spam.csvを選択）
> spam <- read.csv(file.choose(), header = TRUE)
```

そして，線形判別分析などの分類手法を用いる場合，判別式を作成するためのデータ（訓練データ）と，判別式を検証するためのデータ（評価データ）の 2 種類を用意する必要があります。なぜなら，訓練データで判別式の性能を検証すると，その判別式が別のデータに対しても十分に機能するかどうか，を検証することができません。そもそも，訓練データをうまく説明するような式を作ったのですから，同じデータを高い精度で分類できるのは当然です。もしかしたら，訓練データに固有の特徴に対して過剰に適合した判別式となっていて，別のデー

※10 https://CRAN.R-project.org/package=kernlab

タではまったく使い物にならない可能性もあります（このような現象を**過学習**（overfitting）といいます）。ここでは，そのような危険性を避けるために，spam データセットを奇数行と偶数行に分割し，前者を訓練データ，後者を評価データとします※11。

```
> # 訓練データと評価データに分割
> # 奇数のベクトルを生成
> n <- seq(1, nrow(spam), by = 2)
> # 奇数行のデータを抽出
> spam.train <- spam[n, ]
> # 偶数行のデータを抽出
> spam.test <- spam[-n, ]
> # 奇数行データの冒頭5行の確認
> head(spam.train, 5)
  make address  all num3d  our over     (中略)    type
1 0.00    0.64 0.64     0 0.32 0.00     (中略)    spam
3 0.06    0.00 0.71     0 1.23 0.19     (中略)    spam
5 0.00    0.00 0.00     0 0.63 0.00     (中略)    spam
7 0.00    0.00 0.00     0 1.92 0.00     (中略)    spam
9 0.15    0.00 0.46     0 0.61 0.00     (中略)    spam
> # 偶数行データの冒頭5行の確認
> head(spam.test, 5)
  make address  all num3d  our over     (中略)    type
2 0.21    0.28 0.50     0 0.14 0.28     (中略)    spam
4 0.00    0.00 0.00     0 0.63 0.00     (中略)    spam
6 0.00    0.00 0.00     0 1.85 0.00     (中略)    spam
8 0.00    0.00 0.00     0 1.88 0.00     (中略)    spam
10 0.06   0.12 0.77     0 0.19 0.32     (中略)    spam
```

Rで線形判別分析を行う場合は，MASSパッケージのlda関数を使います（MASSパッケージは，最初からRにインストールされています）。このとき，lda(目的変数の列名 ~ ., data = データセット名)のようにコードを書くと，目的変数（群情報）が入っている列（以下の例では，type）以外の全ての列が説明変数として用いられます。

※11　過学習を避けるために，**交差妥当化**（cross validation）という方法を利用することも可能です。交差妥当化では，データセットを n 個に分割し，n−1個のデータから作成した判別式を残りの1個のデータに適用するという処理を n 回繰り返し，n 回の処理から得られた精度の平均値を求めます。

```
> # MASSパッケージの読み込み（Rを起動するごとに毎回）
> library(MASS)
> # 線形判別分析
> # 判別式の作成
> lda.result <- lda(type ~ ., data = spam.train)
> # 結果の確認
> lda.result
Call:
lda(type ~ ., data = spam)

Prior probabilities of groups:
  nonspam      spam
0.6058236 0.3941764

Group means:
               make    address       all         num3d       our
nonspam  0.06908178 0.2336155 0.1848135 0.0004949785 0.1906313
spam     0.16110254 0.1643881 0.4120176 0.1757772878 0.5315325
        (中略)
Coefficients of linear discriminants:
                            LD1
make                -0.1832548150
address             -0.0509118362
all                  0.2810421469
num3d                0.0510064758
our                  0.3670023746
        (以下略)
```

上記の結果のうち，Prior probabilities of groups は訓練データ全体における nonspam と spam のメール数の割合，Group means は各説明変数に関する群ごとの平均値，Coefficients of linear discriminants は線形判別関数の係数を，それぞれ表しています。そして，線形判別関数の係数の絶対値が大きいほど，nonspam と spam のメール分類に大きく寄与します。

続いて，評価データのメールを分類してみましょう。ここでは，predict 関数を使って，訓練データから作成した判別式を評価データに適用します。分類結果の正誤を確認するには，predict 関数の class という要素と評価データの群情報を照合し，table 関数で表形式にまとめます。また，分類の正解率（精度）を計算するには，diag 関数で表の対角線の要素数を調べ，それをデータの総数で割ります。

```
> # 判別式に基づく自動分類
> lda.predict.result <- predict(lda.result, spam.test)
> # 自動分類結果の正誤を確認
> lda.tab <- table(spam.test$type, lda.predict.result$class)
> # 正誤をまとめた表を表示
> lda.tab

          nonspam spam
  nonspam    1312   82
  spam        192  714
> # 分類精度の確認（表の対角要素の総数を全要素数で割る）
> sum(diag(lda.tab)) / sum(lda.tab)
[1] 0.8808696
```

線形判別分析によるスパムメール判定を行った結果，分類精度は約 88.09% でした。このような分類手法は，スパムメールの判定のみならず，文学作品の著者推定や文章のジャンル判別など，様々な分析に活用することが可能です。

次に，**決定木**（decision tree）という分類手法を紹介します。決定木は，説明変数の値に基づいてデータを段階的に分割していくことで，判別モデルを構築します（下川・杉本・後藤，2013）。その分割の過程は，**図 9.8** のように，木構造で表現することができます。この図の左側を見てください。この散布図には，●，▲，◆という 3 つの群に属するデータが分布しています。この 3 つの群を分ける場合，Y の値が 25 以上か 25 未満か，に注目すると，●とそれ以外の 2 群を区別することができます（分割線 1）。続いて，X の値が 30 以上か 30 未満か，に注目すると，▲と◆を区別することが可能です（分割線 2）。これら 2 段階の分割を木構造で表現したものが右側の図です。分岐が開始される一番上の部分をルート（根）といい，ルートから枝分かれした先をノード（節）といいます。なお，実際のデータセットの場合は，このように完璧な判別ができるとは限らず，誤判別されるデータもあります。

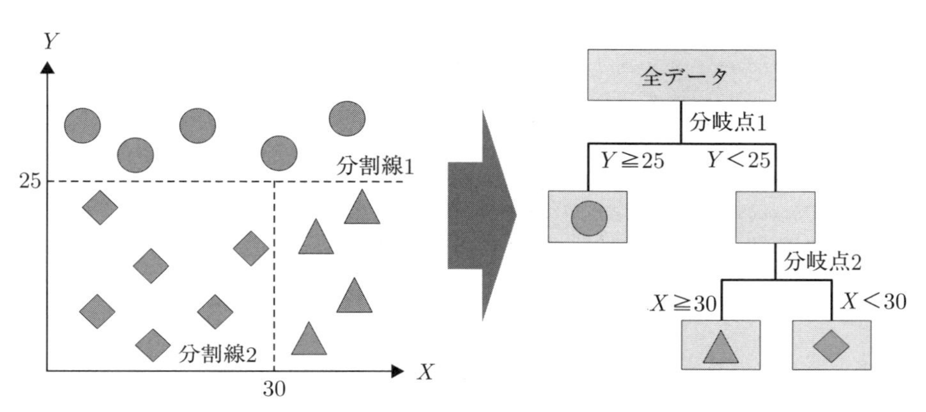

図 9.8 決定木のイメージ

データの分割基準として用いられる指標は複数ありますが，以下では，**ジニ係数**（Gini coefficient）を使います。データ解析におけるジニ係数は，データの「不純度」を表し，まったく分類されていない状態を「不純」，完全に分割された状態を「純粋」であるとし，0 から 1 の値を取ります（完全に分割された状態で 0 となります）。

R でジニ係数に基づく決定木を行うには，rpart パッケージの rpart 関数を使います（rpart パッケージは，最初から R にインストールされています）。rpart 関数の書式は，lda 関数の書式と同じです。分析対象は，線形判別分析の場合と同様，訓練データと評価データに分割した spam データセットです。なお，決定木にも，相対頻度もしくは標準化頻度を用いるのが一般的です。

```
> # rpartパッケージの読み込み（Rを起動するごとに毎回）
> library(rpart)
> # 決定木による判別モデルの構築
> rpart.result <- rpart(type ~ ., data = spam.train)
> # 判別モデルの確認
> rpart.result
n= 2301

node), split, n, loss, yval, (yprob)
      * denotes terminal node

 1) root 2301 907 nonspam (0.60582355 0.39417645)
```

```
    2) charDollar< 0.0485 1720 394 nonspam (0.77093023 0.22906977)
      4) remove< 0.055 1561 252 nonspam (0.83856502 0.16143498)
        8) charExclamation< 0.4145 1381 138 nonspam (0.90007241 0.09992759) *
        9) charExclamation>=0.4145 180  66 spam (0.36666667 0.63333333)
         18) capitalTotal< 48 68  19 nonspam (0.72058824 0.27941176) *
         19) capitalTotal>=48 112  17 spam (0.15178571 0.84821429) *
      5) remove>=0.055 159  17 spam (0.10691824 0.89308176) *
    3) charDollar>=0.0485 581  68 spam (0.11703959 0.88296041)
      6) hp>=0.4 40   2 nonspam (0.95000000 0.05000000) *
      7) hp< 0.4 541  30 spam (0.05545287 0.94454713) *
```

上記の結果を見てみましょう。最初に node), split, n, loss, yval, (yprob) とありますが，node) はノードの番号，split は分割の条件，n はそのノードに含まれているデータ数，loss が誤分類されたデータ数，ybal はそのノードの目的変数，yprob が各ノードの適合確率を表しています。また，* が付いているノードは，それが終端ノードであることを表しています。さらに，親ノードと子ノードの関係が行頭のインデントで示されています。

決定木の判別モデルは，文字と数値で見ると複雑ですが，可視化すると格段にわかりやすくなります。決定木の可視化には，partykit パッケージ※12 の plot 関数を用います。**図 9.9** は，その結果です。

```
> # 追加パッケージのインストール（初回のみ）
> install.packages("partykit", dependencies = TRUE)
> # 追加パッケージの読み込み（Rを起動するごとに毎回）
> library(partykit)
> # 決定木の判別モデルの可視化
> plot(as.party(rpart.result))
```

※12　https://CRAN.R-project.org/package=partykit

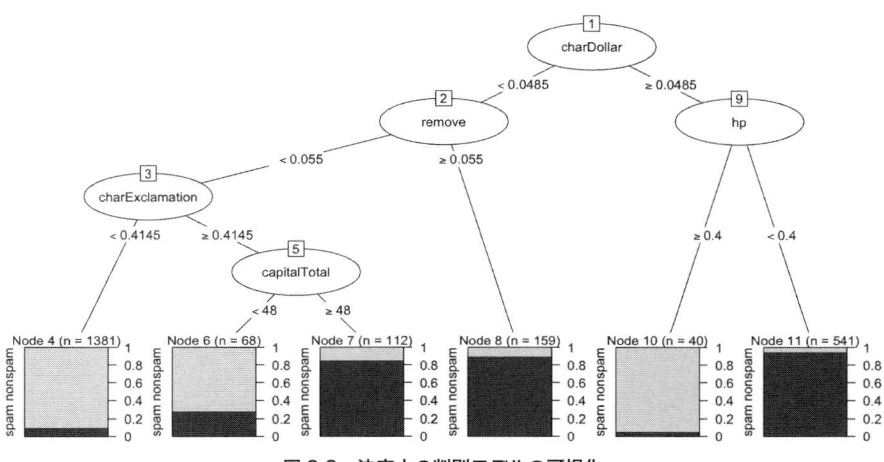

図 9.9　決定木の判別モデルの可視化

図 9.9 を見ると，まず，`charDoller` の頻度によってスパムか否か，が区別できることが示されています。そして，次の段階では，`remove` もしくは `hp` の頻度に基づく分割が行われています。このように，決定木を用いると，各群を分類するためのルールを視覚的に把握することができます。したがって，必ずしも統計に明るくない方々に分析結果をわかりやすく伝えなければならない場合，非常に有効な手法となります。

決定木では，過学習を避けるために，**枝の剪定**（pruning）を行います。どの程度の剪定を行うべきかは，`plotcp` 関数で調べることができます。その結果は，**図 9.10** のような形式で可視化されます。

```
> # 枝の剪定基準の決定
> plotcp(rpart.result)
```

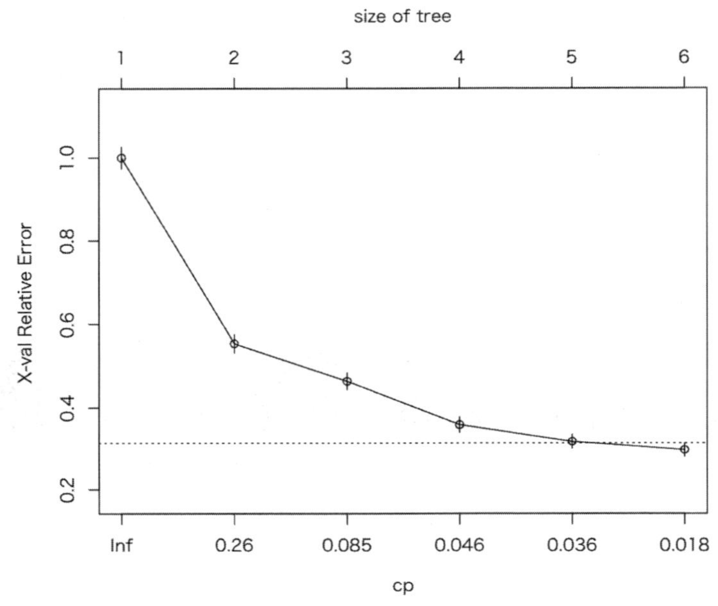

図 9.10　枝の剪定基準の決定

図 9.10 を見ると，図中の折れ線は，横軸に示されている木の複雑さ（cp）の値が 0.036 のところで点線と交差しています。そこで，この値を rpart 関数の引数 cp で剪定基準として指定し，判別モデルを作り直します。**図 9.11** は，剪定した決定木を可視化した結果です。

```
> # 剪定基準を指定して判別モデルを構築
> rpart.result.2 <- rpart(type ~ ., data = spam.train,
+ cp = 0.036)
> # 決定木の判別モデルの可視化
> plot(as.party(rpart.result.2))
```

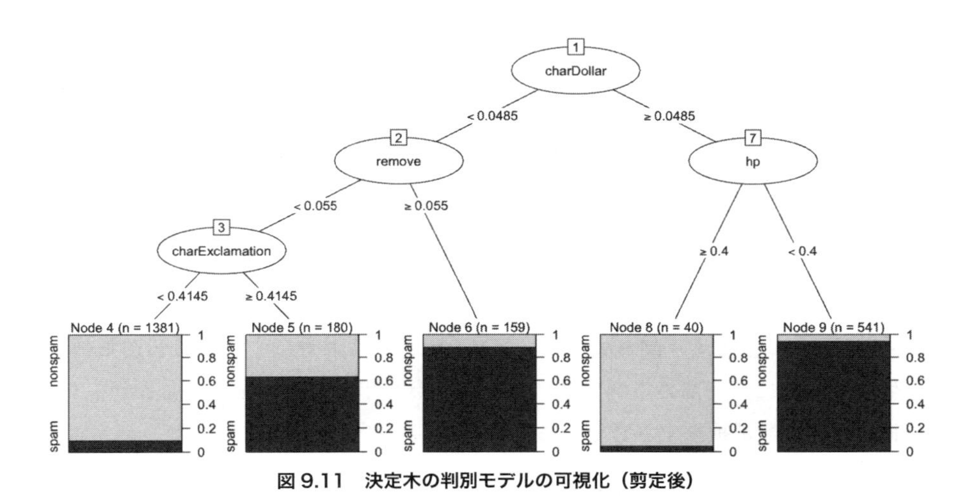

図 9.11　決定木の判別モデルの可視化（剪定後）

この判別モデルを評価データに適用する場合は，線形判別分析の場合と同様に，predict 関数を使います（ただし，決定木では引数 type で "class" を指定します）。分類精度の計算方法なども，線形判別分析の場合と同じです。

```
> # 決定木による自動分類
> rpart.predict.result <- predict(rpart.result, spam.test,
+ type = "class")
> # 自動分類結果の正誤を確認
> rpart.tab <- table(spam.test$type, rpart.predict.result)
> # 正誤をまとめた表を表示
> rpart.tab
        rpart.predict.result
         nonspam spam
  nonspam    1321   73
  spam        173  733
> # 分類精度の確認（表の対角要素の総数を全要素数で割る）
> sum(diag(rpart.tab)) / sum(rpart.tab)
[1] 0.8930435
```

決定木によるスパムメール判定を行った結果，分類精度は約 89.30% でした。

もう一歩先へ

テキスト分類の手法は，数多く提案されています。その中で比較的高い分類精度が得られる手法として，**ランダムフォレスト**（random forest）が知られています（金，2009a）。ランダムフォレストとは，大量の決定木を生成し，それら全ての決定木から得られる結果の多数決によって，最終的な分類を行う手法です（下川・杉本・後藤，2013）。このように，多数の判別モデル（分類器）を1つに統合して，よりよいモデルを構築する手法を**アンサンブル学習**（ensemble learning）と呼びます（**図 9.12**）。ランダムフォレストでは，多数の判別モデルを生成する際に，一部の説明変数のみを無作為抽出して用います。したがって，分析の前に変数選択をする必要はありません。

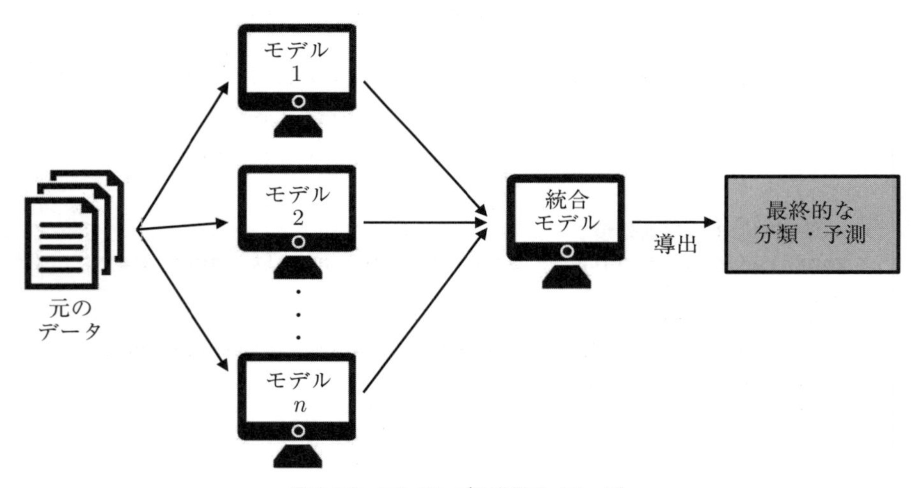

図 9.12　アンサンブル学習のイメージ

Rでランダムフォレストを実行するには，`randomForest` パッケージ[※13]の `randomForest` 関数を使います。この関数の基本的な書式は，`lda` 関数や `rpart` 関数と同じです。ちなみに，ランダムフォレストの計算では乱数が用いられるため，実行するたびに結果が若干変化します（以下では，読者が同じ結果を得られるように `set.seed` 関数で乱数を固定していますが，OSやRのバージョンによっては結果が異なることもあります）。そして，ランダムフォレスト

※13　https://CRAN.R-project.org/package=randomForest

でも，相対頻度もしくは標準化頻度を用いるのが一般的です。

```
> # 追加パッケージのインストール（初回のみ）
> install.packages("randomForest", dependencies = TRUE)
> # 追加パッケージの読み込み（Rを起動するごとに毎回）
> library(randomForest)
> # 乱数を固定
> set.seed(1)
> # ランダムフォレスト
> randomForest.result <-
+ randomForest(type ~ ., data = spam.train)
> # ランダムフォレストによる自動分類
> randomForest.predict.result <-
+ predict(randomForest.result, spam.test)
> # 自動分類結果の正誤を確認
> randomForest.tab <-
+ table(spam.test$type, randomForest.predict.result)
> # 正誤をまとめた表を表示
> randomForest.tab
         randomForest.predict.result
          nonspam spam
  nonspam    1351   43
  spam         82  824
> # 分類精度の確認（表の対角要素の総数を全要素数で割る）
> sum(diag(randomForest.tab)) / sum(randomForest.tab)
[1] 0.9456522
```

ランダムフォレストによるスパムメール判定を行った結果，分類精度は約94.57%で，先ほどの線形判別分析や決定木よりも高い精度が得られました。そして，ランダムフォレストでは，varImpPlot関数を用いることで，テキスト分類における個々の説明変数の重要度を可視化することができます。この関数を実行すると，変数重要度の上位30位が**ドットプロット**（dot plot）の形式で可視化されます（図 **9.13**）。

```
> # 変数重要度の可視化
> varImpPlot(randomForest.result)
```

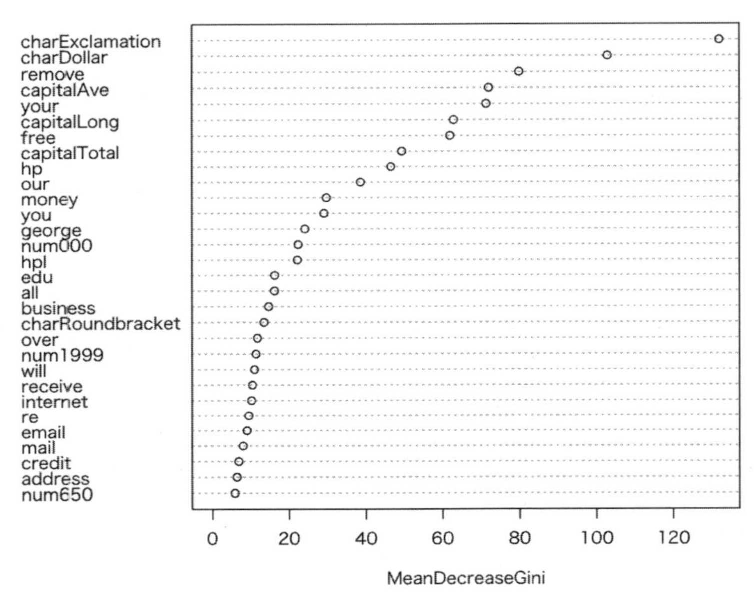

図 9.13　変数重要度の可視化

ランダムフォレストの詳細については，下川・杉本・後藤（2013）などを参照してください。

Column … 説明変数の選び方

テキスト分類においては，どのような言語項目を説明変数として用いるか，が非常に重要になります。しかしながら，万能な説明変数というのは存在しません。英作文の自動採点を例にとると，日本人中高生のような初心者が書いた作文を評価する場合は，使用語彙や文の長さといった単純な指標でも十分に機能します。しかし，TOEFL iBT のライティングのように，一定以上の習熟度の書き手による作文を評価する場合は，受動態や分詞構文などの構文的な情報も活用されます。そして，英文校正を受けた研究論文における文章の質を評価する場合は，文章の談話や意味に関わる言語項目が非常に有効となります（小林・田中，2014）。

分析に用いる言語項目の選定にあたっては，分析対象とするテキストに関する深い知識が必要になります。もし分析者がテキストに関する知識を持たない場合は，分析対象のテキストに精通した人と協働することが望ましいでしょう。それが難しい場合は，データの可視化や特徴語抽出などの探索的な分析をしながら，様々な言語項目を試し，試行錯誤を繰り返すしかありません。テキスト分類の精度を向上したいのであれば，分析手法を変更するよりも，よりよい説明変数を模索することの方がはるかに重要です。

第10章 英語テキストの分析

10.1 用例検索

本章では，英語のテキストを分析します※1。やや発展的な内容となりますので，欧米系言語の解析に興味のある方向けです。本節の分析対象は，languageR パッケージ※2の alice データセットとします。これは，ルイス・キャロルの『不思議の国のアリス』のテキストから句読点を削除したデータです。

```
> # 追加パッケージのインストール（初回のみ）
> install.packages("languageR", dependencies = TRUE)
> # 追加パッケージの読み込み（Rを起動するごとに毎回）
> library(languageR)
> # データセットの準備
> data(alice)
> # データセットの冒頭20語の確認
> head(alice, 20)
 [1] "ALICE"        "S"            "ADVENTURES"  "IN"
 [5] "WONDERLAND"   "Lewis"        "Carroll"     "THE"
 [9] "MILLENNIUM"   "FULCRUM"      "EDITION"     "3"
[13] "0"            "CHAPTER"      "I"           "Down"
[17] "the"          "Rabbit-Hole"  "Alice"       "was"
```

なお，独自のテキストファイルを分析対象とする場合は，以下のような手順でデータを読み込みます。その際，単にテキストファイルを読み込むだけでなく，単語ベクトル（6.1 節参照）の形式に変換する必要があります。もし余裕があれ

※1　10.1 節～10.3 節は小林（2015b）の一部に，また，10.4 節は小林（2015c）の一部に，それぞれ加筆修正を行ったものです。なお，10.1 節の KWIC コンコーダンスと 10.3 節のコロケーションテーブルの作成に関しては，Jockers（2014）と Gries（2009）を参考にしています。

※2　https://CRAN.R-project.org/package=languageR

ば，練習として，本書付属データのObama.txtを読み込んでみてください。これは,バラク・オバマ（Barack Obama）が2009年に行った大統領就任演説のデータです。

```
> # テキストファイルからのデータ読み込み（Obama.txtを選択）
> text.data <- scan(file.choose(), what = "char",
+ sep = "¥n", quiet = TRUE)
> # 単語ベクトルの作成
> word.vector <- unlist(strsplit(text.data, "¥¥W"))
> # スペースを削除
> not.blank <- which(word.vector != "")
> obama <- word.vector[not.blank]
> # データの確認
> head(obama, 20)
 [1] "My"     "fellow"  "citizens"  "I"          "stand"
 [6] "here"   "today"   "humbled"   "by"         "the"
[11] "task"   "before"  "us"        "grateful"   "for"
[16] "the"    "trust"   "you"       "ve"         "bestowed"
```

また，Project Gutenbergなどのウェブサイトで公開されているテキストファイルを直接読み込む場合は，以下のようにURL（たとえば，http://www.xxx/yyy.txt）を指定します。

```
> # インターネット上のデータの読み込み
> text.data <- scan("http://www.xxx/yyy.txt", what = "char",
+ sep = "¥n", quiet = TRUE)
```

XML形式のファイルを読み込む方法についてはJockers（2014），SGML形式のファイルを読み込む方法についてはGries（2009），をそれぞれ参照してください。

以下，aliceデータセットを例に分析を進めます。まずは，テキストにおける用例を検索し，**KWICコンコーダンス**（Key Word In Context concordance）という形式で表示してみましょう。この形式を用いることで，検索語がどのような文脈で使われているかを確認することができます。以下の例では，“rabbit”を検索語として，その前後5語ずつを表示しています。その際，“rabbit”と“Rabbit”を一度に検索できるように，テキスト中の全ての文字を小文字に変換しています。以下のコードは，for 関数による繰り返し処理や if 関数による条件分岐処理が行われているため，前章までのコードよりもかなり複雑なものとなっています。繰り返し処理や条件分岐処理の書き方については，間瀬（2014）などを参照してください。また，cat 関数は，文字列を表示するための関数です。

```
> # 分析テキストの指定
> word.vector <- alice
> # 大文字を小文字に変換
> word.vector.lower <- tolower(word.vector)
> # 検索語の生起位置を取得（ここでは，"rabbit"）
> word.positions <- which(word.vector.lower == "rabbit")
> # 検索語の前後何語まで表示するかを指定（ここでは，5語）
> context <- 5
> # KWICコンコーダンスの作成
> for(i in seq(word.positions)) {
+    if(word.positions[i] == 1) {
+       before <- NULL
+    } else {
+    start <- word.positions[i] - context
+    start <- max(start, 1)
+    before <-
+      word.vector.lower[start : (word.positions[i] - 1)]
+ }
+ end <- word.positions[i] + context
+ after <- word.vector.lower[(word.positions[i] + 1) : end]
+ after[is.na(after)] <- ""
+ keyword <- word.vector.lower[word.positions[i]]
+ cat("--------------------", i, "--------------------",
+      "¥n")
+ cat(before, "[", keyword, "]", after, "¥n")
+ }
-------------------- 1 --------------------
daisies when suddenly a white [ rabbit ] with pink eyes ran close
-------------------- 2 --------------------
the way to hear the [ rabbit ] say to itself oh dear
-------------------- 3 --------------------
quite natural but when the [ rabbit ] actually took a watch out
-------------------- 4 --------------------
had never before seen a [ rabbit ] with either a waistcoat-pocket or
-------------------- 5 --------------------
long passage and the white [ rabbit ] was still in sight hurrying
        （以下略）
```

そして，テキスト中で“rabbit”が使われている位置を確認したいときは，**コンコーダンスプロット**（concordance plot）による可視化が有効です。コンコーダンスプロットでは，テキスト中で検索語が現れている位置がバーコードのような形式で表現されます。**図 10.1** を見ると，“rabbit”が物語の前半と後半で多く使われていることがわかります。

```
> # 検索語の生起位置を視覚化
> plot(word.vector.lower == "rabbit", type = "h", yaxt = "n",
+ main = "rabbit")
```

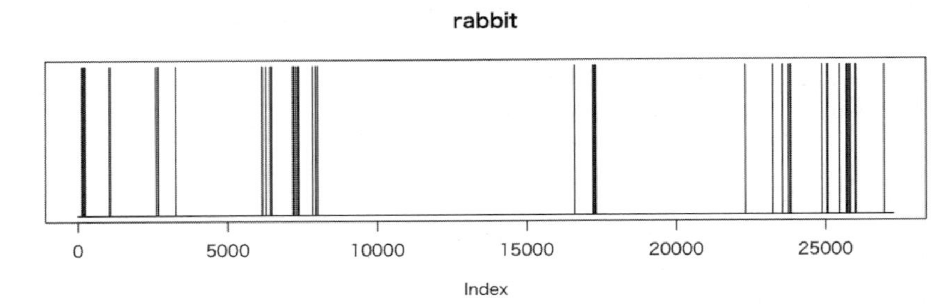

図 10.1　コンコーダンスプロット

10.2 単語と n-gram の頻度分析

次に，単語の頻度表を作成してみましょう。以下の例では，tm パッケージ※3 の removeNumbers 関数と removePunctuation 関数を用いて，テキスト中の数字と句読点を削除しています（alice データには句読点が含まれていませんが，一般的なテキストには句読点が多く含まれています）。

```
> # 追加パッケージのインストール（初回のみ）
> install.packages("tm", dependencies = TRUE)
> # 追加パッケージの読み込み（Rを起動するごとに毎回）
> library(tm)
> # 数字と句読点の削除
> corpus.cleaned <- removeNumbers(word.vector.lower)
> corpus.cleaned <- removePunctuation(corpus.cleaned)
> # スペースを削除
> not.blank <- which(corpus.cleaned != "")
> corpus.cleaned <- corpus.cleaned[not.blank]
> # 頻度表の作成
> freq.list <- table(corpus.cleaned)
> sorted.freq.list <- sort(freq.list, decreasing = TRUE)
> sorted.table <- paste(names(sorted.freq.list),
+ sorted.freq.list, sep = ": ")
> # 頻度表（頻度上位20位まで）の確認
> head(sorted.table, 20)
 [1] "the: 1639"   "and: 866"    "to: 725"     "a: 631"
 [5] "it: 595"     "she: 553"    "i: 545"      "of: 511"
 [9] "said: 462"   "you: 411"    "alice: 398"  "in: 367"
[13] "was: 357"    "that: 315"   "as: 263"     "her: 248"
[17] "t: 218"      "at: 212"     "s: 201"      "on: 193"
```

※3 https://CRAN.R-project.org/package=tm

一般的に，頻度上位語の多くは，“the” や “and” などの機能語です。どのようなテキストにも高頻度で現れる語を集計対象から除外したい場合は，tmパッケージの removeWords 関数で細かく指定することができます。以下の例では，“the” と “and” を集計対象から除外しています。なお，集計対象から除外する語を**ストップワード**（stop words）といいます※4。

```
> # ストップワードを個別に設定（ここでは，"the"と"and"を除外）
> corpus.cleaned.2 <- removeWords(corpus.cleaned,
+ c("the", "and"))
> # スペースを削除
> not.blank <- which(corpus.cleaned.2 != "")
> corpus.cleaned.2 <- corpus.cleaned.2[not.blank]
> # 頻度表の作成
> freq.list.2 <- table(corpus.cleaned.2)
> sorted.freq.list.2 <- sort(freq.list.2, decreasing = TRUE)
> sorted.table.2 <- paste(names(sorted.freq.list.2),
+ sorted.freq.list.2, sep = ": ")
> # 頻度表（頻度上位20位まで）の確認
> head(sorted.table.2, 20)
 [1] "to: 725"     "a: 631"      "it: 595"     "she: 553"
 [5] "i: 545"      "of: 511"     "said: 462"   "you: 411"
 [9] "alice: 398"  "in: 367"     "was: 357"    "that: 315"
[13] "as: 263"     "her: 248"    "t: 218"      "at: 212"
[17] "s: 201"      "on: 193"     "all: 182"    "with: 180"
```

さらに，**語幹処理**（stemming）（Bird, Klein, and Loper, 2009）を行う場合は，tmパッケージのstemDocument関数を利用することができます。語幹処理とは，接尾語（-ed，-ing，-s など）を削除することで，単語の活用形を1つにまとめようとする処理のことです。たとえば，“open”，“opened”，“opening”，“opens” などの単語は，全て “open” として集計されます※5。

※4　英語のテキストの場合は，removeWords(corpus.cleaned, stopwords("english")) というコードを実行すると，あらかじめパッケージで指定されているストップワードを全て集計対象から除外することができます。詳しくは，removeWords 関数のヘルプを参照してください。

※5　語幹処理には複数の方法がありますが，stemDocument 関数では Porter Stemming Algorithm という方法が用いられています。http://tartarus.org/~martin/PorterStemmer/

```
> # 語幹処理
> corpus.cleaned.3 <- stemDocument(corpus.cleaned)
> # 頻度表の作成
> freq.list.3 <- table(corpus.cleaned.3)
> sorted.freq.list.3 <- sort(freq.list.3, decreasing = TRUE)
> sorted.table.3 <- paste(names(sorted.freq.list.3),
+ sorted.freq.list.3, sep = ": ")
> # 頻度表（頻度上位20位まで）の確認
> head(sorted.table.3, 20)
 [1] "the: 1639"  "and: 866"   "to: 725"    "it: 652"
 [5] "a: 631"     "she: 553"   "i: 545"     "of: 511"
 [9] "said: 462"  "you: 411"   "alic: 398"  "in: 367"
[13] "was: 357"   "that: 315"  "as: 263"    "her: 252"
[17] "t: 218"     "at: 212"    "s: 201"     "on: 193"
```

上記は，語幹処理をした結果です。これを見ると，“alice” が “alic” になっていたり，“was” や “said” のような不規則変化には対応できていなかったりと，言語学的に完全な処理ではありません。より正確な処理を行うためには，**見出し語化**（lemmatization）（Bird, Klein, and Loper, 2009）と呼ばれる処理をする必要があります※6。

そして，テキスト中に現れている全ての単語をワードクラウドの形式で可視化するには，wordcloud パッケージの wordcloud 関数（6.1 節参照）を用います。以下の例では，corpus.cleaned で使用頻度が 5 回以上の単語のみを表示しています（**図 10.2**）。

```
> # 追加パッケージのインストール（初回のみ）
> install.packages("wordcloud", dependencies = TRUE)
> # 追加パッケージの読み込み（Rを起動するごとに毎回）
> library(wordcloud)
> wordcloud(corpus.cleaned, min.freq = 5,
+ random.order = FALSE)
```

※6　見出し語化を行うには，TreeTagger のような外部のプログラムを使う必要があります。TreeTagger については，本章末尾のコラムで紹介します。

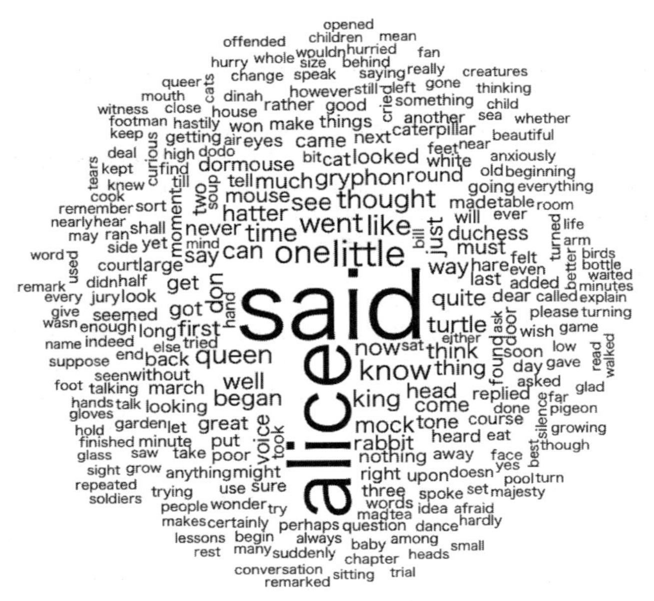

図10.2　ワードクラウド

続いて，n-gramの頻度表を作成します。以下は，単語2-gramの頻度を集計し，頻度上位20位までを表示した例です。単語2-gramの抽出にあたっては，単語ベクトル内で隣接する要素を2つずつセットにしてから，頻度集計を行います。

```
> # 2-gramの抽出
> ngrams <-
+ paste(corpus.cleaned[1 : (length(corpus.cleaned) - 1)],
+ corpus.cleaned[2 : length(corpus.cleaned)])
> # 頻度集計
> ngram.freq <- table(ngrams)
> sorted.ngram.freq <- sort(ngram.freq, decreasing = TRUE)
> sorted.ngram.table <- paste(names(sorted.ngram.freq),
+ sorted.ngram.freq, sep = ": ")
> # 頻度上位20位までを表示
> head(sorted.ngram.table, 20)
 [1] "said the: 210"   "of the: 130"    "said alice: 116"
 [4] "in a: 97"        "and the: 82"    "in the: 79"
 [7] "it was: 76"      "the queen: 72"  "to the: 69"
[10] "the king: 62"    "as she: 61"     "don t: 61"
[13] "at the: 60"      "she had: 60"    "a little: 59"
```

```
[16] "i m: 59"        "it s: 57"        "mock turtle: 56"
[19] "and she: 55"    "she was: 55"
```

また，上記のコードを若干修正することで，単語 3-gram や単語 4-gram の頻度を集計することも可能です。ただし，n の数が大きくなると，処理に時間がかかり，使用しているコンピュータの性能によっては結果が得られないこともあります※7。

10.3 共起語の頻度分析

本節では，共起語の集計をします。以下のコードは，かなり複雑なものですが，検索語とスパンを指定したあとは，毎回同じコードを入力すればよいようになっています。検索語を指定する場合は，¥¥brabbit¥¥b のように検索語を ¥¥b で挟んでください（¥¥b は単語の始めと終わりを表しています）。

```
> # 検索語の指定（ここでは，"rabbit"）
> search.word <- "¥¥brabbit¥¥b"
> # スパンの指定（ここでは，前後2語まで）
> span <- 2
> span <- (-span : span)
> # 出力ファイル名の指定（ここでは，output.txt）
> output.file <- "output.txt"
> # 検索語の出現する位置を特定
> positions.of.matches <- grep(search.word, corpus.cleaned,
+ perl = TRUE)
> # 共起語の集計
> results <- list()
> for(i in 1 : length(span)) {
+   collocate.positions <- positions.of.matches + span[i]
+   collocates <- corpus.cleaned[collocate.positions]
+   sorted.collocates <- sort(table(collocates),
+     decreasing = TRUE)
+   results[[i]] <- sorted.collocates
+ }
> # 集計表のヘッダーを出力
+ cat(paste(rep(c("W_", "F_"), length(span)),
```

※7　n-gram の集計にあたっては，ngram パッケージを利用することもできます。https://CRAN.R-project.org/package=ngram

```
+     rep(span, each = 2), sep = ""), "¥n", sep = "¥t",
+     file = output.file)
> # 集計データを出力
> lengths <- sapply(results, length)
> for(k in 1 : max(lengths)) {
+     output.string <- paste(names(sapply(results, "[", k)),
+       sapply(results, "[", k), sep = "¥t")
+     output.string.2 <- gsub("NA¥tNA", "¥t", output.string,
+       perl = TRUE)
+     cat(output.string.2, "¥n", sep = "¥t",
+       file = output.file, append = TRUE)
+   }
```

上記のコードを実行すると，作業ディレクトリに `output.txt` というファイルが出力され，その中に表 10.1 のような集計結果が書き込まれます。表中の W_0 は検索語を表し，W_-2，W_-1，W_1，W_2 は，検索語から見て左 2 語目の位置，左 1 語目の位置，右 1 語目の位置，右 2 語目の位置，をそれぞれ表しています。また，F_-2 〜 F_2 は，左 2 語目〜右 2 語目の位置に生起する語の頻度を表しています。表 10.1 を見ると，“rabbit” の直前（W_-1）には “the” や “white”，直後（W_1）には “s” などが多く使われていることがわかります。なお，このような形式の頻度集計表を**コロケーションテーブル**（collocation table）と呼びます。

表 10.1 コロケーションテーブル（一部のみ）

W_-2	F_-2	W_-1	F_-1	W_0	F_0	W_1	F_1	W_2	F_2
the	21	the	22	rabbit	47	s	4	a	3
said	3	white	22			with	3	was	3
heard	2	a	2			and	2	alice	2
when	2	w	1			blew	2	in	2
a	1					came	2	no	2
as	1					in	2	out	2
but	1					read	2	three	2
ears	1					say	2	to	2
for	1					was	2	up	2
hear	1					who	2	voice	2
hush	1					actually	1	by	1
iv	1					angrily	1	either	1
name	1					as	1	fact	1
of	1					asked	1	had	1
pity	1					began	1	he	1
presently	1					but	1	here	1
seen	1					coming	1	interrupted	1
sir	1					cried	1	it	1
soon	1					engraved	1	little	1
then	1					hastily	1	near	1
voice	1					hurried	1	on	1
was	1					i	1	pat	1
yet	1					interrupted	1	pink	1

10.4 語彙多様性とリーダビリティの分析

本節では，テキストの**語彙多様性**（lexical diversity）や**リーダビリティ**（readability）を計算する方法を説明します。ここでは，本書付属データのObama.txtを分析対象とします。

語彙多様性とは，テキスト中で用いられている語彙の豊富さを測るための指標です。Rで語彙多様性を計算するときは，koRpusパッケージ※8を用いるのが便利です。このパッケージを使う場合は，まず，tokenize関数でテキストを読み込みます。英語のテキストを読み込むときは，引数langでenを指定してください。

```
> # 追加パッケージのインストール（初回のみ）
> install.packages("koRpus", dependencies = TRUE)
> # 追加パッケージの読み込み（Rを起動するごとに毎回）
> library(koRpus)
> # テキストの読み込み（Obama.txtを選択）
> tok <- tokenize(file.choose(), lang = "en")
```

最もシンプルな語彙多様性の指標である異語率（6.2節参照）を求めるには，TTR関数を使います。

```
> # 異語率の計算
> TTR(tok)
Language: "en"

Total number of tokens: 2405
Total number of types:  889

Type-Token Ratio
   TTR: 0.37

Note: Analysis was conducted case insensitive.
```

異語率は，古くから使われている指標ですが，テキストの総語数の影響を強く

※8　https://CRAN.R-project.org/package=koRpus

受ける，という欠点を持ちます。したがって，（総語数の大きく異なる）複数のテキストから求めた語彙多様性の値を比較する場合は，他の指標を用いることが望ましいです（Baayen, 2008）。たとえば，総語数の影響を緩和するために提案された指標の1つとして，**ギロー指数**（Giraud index）があります。この指標は，総語数の平方根で異語数を割ることで求めることができます。R でギロー指数を計算するには，`R.ld` 関数を使います。

```
> # ギロー指数の計算
> R.ld(tok)
Language: "en"

Total number of tokens: 2405
Total number of types:  889

Guiraud's R
   R: 18.13

Note: Analysis was conducted case insensitive.
```

また，テキスト中の一定の範囲を定めて異語率の移動平均を求める **MATTR**（Moving-Average Type-Token Ratio）（Covington and McFall, 2010）や，テキストにおける異語率が一定の値に達するのに必要な連続する単語数の平均を用いる **MTLD**（Measure of Textual Lexical Diversity）（McCarthy and Jarvis, 2010）を求めることもできます※9。いずれも近年の語彙研究で盛んに活用されている指標です。

```
> # MATTRの計算
> MATTR(tok)
Language: "en"

Total number of tokens: 2405
Total number of types:  889

Moving-Average Type-Token Ratio
              MATTR: 0.71
```

※9　koRpus パッケージを使えば，これ以外にも様々な語彙多様性の指標を計算することができます。詳しくは，パッケージのマニュアルなどを参照してください。

```
         SD of TTRs: 0.04
        Window size: 100

Note: Analysis was conducted case insensitive.

> # MTLDの計算
> MTLD(tok)
Language: "en"

Total number of tokens: 2405
Total number of types:  889

Measure of Textual Lexical Diversity
               MTLD: 78.3
   Number of factors: 30.71
        Factor size: 0.72
    SD tokens/factor: 36.96 (all factors)
                      37.4 (complete factors only)

Note: Analysis was conducted case insensitive.
```

続いて，リーダビリティの計算について説明します。リーダビリティとは，文章の読みやすさを測るための指標です。最も一般的なリーダビリティ指標は，Flesch-Kincaid Grade Level です。これは，1 文あたりの平均単語数と 1 単語あたりの平均音節数を用いて計算されます（Kincaid, Fishburne, Rogers, and Chissom, 1975）。この指標を R で計算するには，`flesch.kincaid` 関数を用います。

```
> # Flesch-Kincaid Grade Levelの計算
> flesch.kincaid(tok)
Hyphenation (language: en)
  |==================================================| 100%

Flesch-Kincaid Grade Level
  Parameters: default
       Grade: 8.08
         Age: 13.08

Text language: en
```

上記のコードの実行結果を見ると，Ageは13.08で，分析した英文が米国の13歳が理解できる程度の難しさであることがわかります[※10]。Flesch-Kincaid Grade Level以外では，Coleman-Liau Index（Coleman and Liau, 1975）やAutomated Readability Index（Senter and Smith, 1967）が一般的なリーダビリティ指標です[※11]。前者は1単語あたりの平均文字数と100単語に含まれる文数を用いて，また，後者は1文あたりの平均単語数と1単語あたりの平均文字数を用いて計算されます。

```
> # Coleman-Liau Indexの計算
> coleman.liau(tok)

Coleman-Liau
  Parameters: default
         ECP: 53% (estimted cloze percentage)
       Grade: 8.63
       Grade: 8.63 (short formula)

Text language: en

> # Automated Readability Indexの計算
> ARI(tok)

Automated Readability Index (ARI)
  Parameters: default
       Grade: 8.61

Text language: en
```

一般的に，Coleman-Liau IndexやAutomated Readability Indexは，Flesch-Kincaid Grade Levelに近い値を返すことが知られています。このようなリーダビリティ指標は，語学教材の開発や言語テストの評価などに活用することができます（小林，2015c）。

※10　実行環境によって，flesch.kincaid関数の結果が若干異なることがあります。
※11　koRpusパッケージでは，これ以外にも様々なリーダビリティの指標を計算することが可能です。詳しくは，パッケージのマニュアルなどを参照してください。

Column … TreeTagger

英語テキストに品詞や見出し語の情報を付与する場合は，TreeTagger※12 などの**品詞タガー**（part-of-speech tagger）を使用します（このツールは，英語以外の言語にも対応しています）。インストール方法などについては，「TreeTagger　使い方」などと検索してみてください。また，「TreeTagger online」などと検索すると，オンラインでこのツールが使えるウェブサイトがいくつか見つかるでしょう。そして，マウス操作で TreeTagger を使うための TagAnt というツールも存在します※13。

TreeTagger で英語のテキストを解析すると，以下のように，左の列に表記形，中央の列に品詞，右の列に原形（見出し語），の情報が出力されます。

```
My          PP$    my
fellow      JJ     fellow
citizens    NNS    citizen
:           :      :
I           PP     I
stand       VVP    stand
here        RB     here
today       NN     today
humbled     VVN    humble
by          IN     by
the         DT     the
task        NN     task
before      IN     before
us          PP     us
```

このような TreeTagger の出力を R に読み込むことで，様々な頻度集計が可能になります。また，R 内部でのテキスト整形を難しく感じる場合は，テキストエディタや Excel で編集してから R に読み込ませるとよいでしょう。

※12　http://www.cis.uni-muenchen.de/~schmid/tools/TreeTagger/
※13　http://www.laurenceanthony.net/software/tagant/

おわりに

本書を最後までお読みくださり，まことにありがとうございます。文系の読者にとっては，少し難しく感じたところもあったかもしれません。しかし，「高い壁を乗り越えたとき，その壁はあなたを守る砦となる」（マハトマ・ガンジー）という言葉があるように，苦労して身につけた知識や技術は，あなたの研究や業務における強力な武器となります。

テキストマイニングに関する基本的な知識と技術を身につけたら，あとは実践あるのみです。研究でもビジネスでも，座学だけでは不十分です。本書で学んだことを実際の問題解決に活かしてください。そして，現実の問題と格闘する過程で，その問題に特化した文献を読んでください。座学と実践は，スキル向上にとって車の両輪のようなもので，どちらも欠くことができません。現状に満足せず，たとえ1歩ずつでも，前に進んでいきましょう。テキストマイニングのスキルを習得することで，皆様の研究や業務がよりよいものになることを心から願っています。

最後に，本書を出版する機会を与えてくださったオーム社書籍編集局の皆様に心より感謝の意を表します。また，本書の草稿に対して貴重なご意見をくださった石田基広（徳島大学），金明哲（同志社大学），田中省作（立命館大学），岡﨑友子（東洋大学），村上明（ケンブリッジ大学），西原史暁（教育測定研究所）の各氏に御礼を申し上げます。そして，オンラインや対面で多くのことを教えてくださったRコミュニティの皆様にも感謝します。

2017年1月

小林　雄一郎

参考文献

日本語文献

相澤彰子・内山清子 (2011).「語の共起と類似性」松本裕治 (編)『言語と情報科学』(pp. 58-76). 朝倉書店.

淺尾仁彦・李在鎬 (2013).『言語研究のためのプログラミング入門―Python を活用したテキスト処理入門』開拓社.

東照二 (2007).『言語学者が政治家を丸裸にする』文藝春秋.

あんちべ (2015).『データ解析の実務プロセス入門』森北出版.

石川慎一郎 (2012).『ベーシックコーパス言語学』ひつじ書房.

石田基広 (2008).『R によるテキストマイニング入門』森北出版.

石田基広 (2012).『R で学ぶデータ・プログラミング入門―RStudio を活用する』共立出版.

石田基広 (2016).『改訂 3 版 R 言語逆引きハンドブック』シーアンドアール研究所.

石田基広・金明哲 (編) (2012).『コーパスとテキストマイニング』共立出版.

石田基広・小林雄一郎 (2013).『R で学ぶ日本語テキストマイニング』ひつじ書房.

伊藤雅光 (2002).『計量言語学入門』大修館書店.

岩田具治 (2015).『トピックモデル』講談社.

上田尚一 (2005).『統計グラフのウラ・オモテ―初歩から学ぶ，グラフの「読み書き」』講談社.

大津由紀雄 (編) (2009).『はじめて学ぶ言語学―ことばの世界をさぐる 17 章』 ミネルヴァ書房.

大塚裕子・乾孝司・奥村学 (2007).『意見分析エンジン―計算言語学と社会学の接点』コロナ社.

大名力 (2012).『言語研究のための正規表現によるコーパス検索』ひつじ書房.

小木曽智信 (2014).「形態素解析」山崎誠 (編)『書き言葉コーパス―設計と構築』(pp. 89-115). 朝倉書店.

荻野綱男・田野村忠温 (編) (2011).『コーパスの作成と活用』明治書院.

奥村晴彦 (2016).『R で楽しむ統計』(Wonderful R 1) 共立出版.

奥村学 (2010).『自然言語処理の基礎』コロナ社.

小椋秀樹 (2014).「形態論情報」山崎誠 (編)『書き言葉コーパス―設計と構築』(pp.

68-88). 朝倉書店.
金明哲 (2009a).『テキストデータの統計科学入門』岩波書店.
金明哲 (2009b).「文章の執筆時期の推定—芥川龍之介の作品を例として」『行動計量学』 *36*(2), 89-103.
金明哲 (2016).『定性的データ分析』(Useful R 5) 共立出版.
金明哲・樺島忠夫・村上征勝 (1993).「読点と書き手の個性」『計量国語学』 *18*(8), 382-391.
黒田龍之助 (2004).『はじめての言語学』講談社現代新書.
黒橋禎夫・柴田知秀 (2016).『自然言語処理概論』サイエンス社.
言語処理学会 (編) (2009).『言語処理学事典』共立出版.
小林雄一郎 (2013).「言語統計の基礎 (後編) —共起尺度」『研究社 Web マガジン Lingua』2013 年 11 月号. http://www.kenkyusha.co.jp/uploads/lingua/prt/13/KobayashiYuichiro1312.html
小林雄一郎 (2014).「テキストマイニングを行う」末吉正成・里洋平・酒巻隆治・小林雄一郎・大城信晃『R ではじめるビジネス統計分析』(pp. 303-334). 翔泳社.
小林雄一郎 (2015a).「コーパス言語学研究における頻度差の検定と効果量」『外国語教育メディア学会 (LET) 関西支部メソドロジー研究部会報告論集』 *6*, 85-95.
小林雄一郎 (2015b).「R による英文テキスト解析」『東洋大学社会学部紀要』 *53*(1), 51-64.
小林雄一郎 (2015c).「語彙多様性とリーダビリティを用いたテキスト分析」『外国語教育メディア学会中部支部外国語教育基礎研究部会 2014 年度報告論集』49-59.
小林雄一郎 (近刊).「英語の自動作文評価」李在鎬 (編)『文章論を科学する』ひつじ書房.
小林雄一郎・天笠美咲・鈴木崇史 (2015).「語彙指標を用いた流行歌の歌詞の通時的分析」『人文科学とコンピュータシンポジウム論文集—じんもんこんの新たな役割』(pp. 23-30). 情報処理学会.
小林雄一郎・田中省作 (2014).「メタ談話標識を素性とするランダムフォレストによる英語科学論文の質判定」岸江信介・田畑智司 (編)『テキストマイニングによる言語研究』(pp. 137-151). ひつじ書房.
小町守 (監修) (2016).『自然言語処理の基本と技術』翔泳社.
里洋平 (2014).『戦略的データマイニング』(Useful R 4) 共立出版.
佐藤一誠 (2015).『トピックモデルによる統計的潜在意味解析』コロナ社.
佐藤竜一 (2005).『正規表現辞典』翔泳社.
下川敏雄・杉本知之・後藤昌司 (2013).『樹木構造接近法』(R で学ぶデータサイエンス 9) 共立出版.

鈴木努 (2009).『ネットワーク分析』(R で学ぶデータサイエンス 8) 共立出版.

盛山和夫 (2004).『社会調査法入門』有斐閣.

高見敏子 (2010).「仮説検定―データ間の差を考える」石川慎一郎・前田忠彦・山崎誠(編)『言語研究のための統計入門』(pp. 55-84). くろしお出版.

田中省作・安東奈穂子・冨浦洋一 (2012).「コーパス構築と著作権―Web を源とした質情報付き英語科学論文コーパス」『英語コーパス研究』*19*, 31-41.

豊田秀樹 (編) (2012).『回帰分析入門―R で学ぶ最新データ解析』東京図書.

豊田秀樹 (編) (2015).『紙を使わないアンケート調査入門―卒業論文, 高校生にも使える』東京図書.

中尾桂子 (2010).「相関分析―データの関連を見る」石川慎一郎・前田忠彦・山崎誠 (編)『言語研究のための統計入門』(pp. 85-104). くろしお出版.

那須川哲哉 (2006).『テキストマイニングを使う技術/作る技術』東京電機大学出版局.

南風原朝和 (2014).『続・心理統計学の基礎―総合的理解を広げ深める』有斐閣.

服部兼敏 (2010).『テキストマイニングで広がる看護の世界』ナカニシヤ出版.

福島真太朗 (2014).『R によるハイパフォーマンスコンピューティング』ソシム.

福島真太朗 (2015).『データ分析プロセス』(Useful R 2) 共立出版.

舟尾暢男・高浪洋平 (2005).『データ解析環境「R」―定番フリーソフトの基本操作からグラフィックス, 統計解析まで』工学社.

堀正広 (2009).『英語コロケーション研究入門』研究社.

堀正広 (編) (2012).『これからのコロケーション研究』ひつじ書房.

益岡隆志・田窪行則 (1992).『基礎日本語文法 改訂版』くろしお出版.

間瀬茂 (2014).『R プログラミングマニュアル [第 2 版] ―R バージョン 3 対応』数理工学社.

三中信宏 (2015).『みなか先生といっしょに統計学の王国を歩いてみよう―情報の海と推論の山を越える翼をアナタに!』羊土社.

三室克哉・鈴村賢治・神田晴彦 (2007).『顧客の声マネジメント―テキストマイニングで本音を「見る」』オーム社.

村上征勝 (1994).『真贋の科学―計量文献学入門』朝倉書店.

村上征勝 (2004).『シェークスピアは誰ですか?―計量文献学の世界』文春新書.

元田浩・山口高平・津本周作・沼尾正行 (2006).『データマイニングの基礎』オーム社.

森藤大地・あんちべ (2014).『エンジニアのためのデータ可視化 [実践] 入門―D3.js による Web の可視化』技術評論社.

山崎誠・前川喜久雄 (2014).「コーパスの設計」山崎誠 (編)『書き言葉コーパス―設計と構築』(pp. 1-21). 朝倉書店.

山田剛史・杉澤武俊・村井潤一郎 (2008).『R によるやさしい統計学』オーム社.

山田敏弘（2014）.『あの歌詞は，なぜ心に残るのか―Jポップの日本語力』祥伝社新書.

山田亮（2010）.『遺伝統計学の基礎―Rによる遺伝因子解析・遺伝子機能解析』オーム社.

山本義郎・飯塚誠也・藤野友和（2013）.『統計データの視覚化』（Rで学ぶデータサイエンス 12）共立出版.

山本義郎・藤野友和・久保田貴文（2015）.『Rによるデータマイニング入門』オーム社.

吉田寿夫（1998）.『本当にわかりやすいすごく大切なことが書いてあるごく初歩の統計の本』北大路書房.

汪金芳・桜井裕仁（2011）.『ブートストラップ入門』（Rで学ぶデータサイエンス 4）共立出版.

英語文献

Aiden, E., & Michel, J. (2013). *Uncharted: Big data as a lens on human culture.* New York: Riverhead Books.（阪本芳久訳『カルチャロミクス―文化をビッグデータで計測する』草思社，2016年）

Baayen, R. H. (2008). *Analyzing linguistic data: A practical introduction to statistics using R.* Cambridge: Cambridge University Press.

Biber, D., Conrad, S., & Reppen, R. (1998). *Corpus linguistics: Investigating language structure and use.* Cambridge: Cambridge University Press.（齋藤俊雄・朝尾幸次郎・山崎俊次・新井洋一・梅咲敦子・塚本聡訳『コーパス言語学―言語構造と用法の研究』南雲堂，2003年）

Bird, S., Klein, E., & Loper, E. (2009). *Natural language processing with Python.* Sebastopol: O'Reilly.（萩原正人・中山敬広・水野貴明訳『入門 自然言語処理』オライリージャパン，2010年）

Chang, W. (2012). *R graphics cookbook.* Sebastopol: O'Reilly.（石井弓美子・河内崇・瀬戸山雅人・古畠敦訳『Rグラフィックスクックブック―ggplot2によるグラフ作成のレシピ集』オライリージャパン，2013年）

Clausen, S. (1998). *Applied correspondence analysis: An introduction.* New York: Sage.（藤本一男訳『対応分析入門―原理から応用まで』オーム社，2015年）

Cohen, J. (1988). *Statistical power analysis for the behavioral science.* Second edition. Hillsdale: Lawrence Erlbaum.

Coleman, M., & Liau, T. L. (1975). A computer readability formula designed for machine scoring. *Journal of Applied Psychology, 60,* 283-284.

Covington, M. A., & McFall, J. D. (2010). Cutting the Gordian knot: The moving-average type-token ratio (MATTR). *Journal of Quantitative Linguistics, 17,* 94-

100.

Everitt, B. S., & Hothorn, T. (2014). *A handbook of statistical analyses using R.* Third edition. Boca Raton: Chapman and Hall.

Field, A., Miles, J., & Field, Z. (2012). *Discovering statistics using R.* London: Sage.

Gries, S. Th. (2009). *Quantitative corpus linguistics with R: A practical introduction.* New York: Routledge.

Grimm, L. G., & Yarnold, P. R. (1995). *Reading and understanding multivariate statistics.* Washington D.C.: Americal Psychological Association.（小杉考司監訳『研究論文を読み解くための多変量解析入門 基礎篇―重回帰分析からメタ分析まで』北大路書房，2016年）

Grimm, L. G., & Yarnold, P. R. (2000). *Reading and understanding more multivariate statistics.* Washington D.C.: Americal Psychological Association.（小杉考司監訳『研究論文を読み解くための多変量解析入門 応用篇―SEMから生存分析まで』北大路書房，2016年）

Grolemund, G. (2014). *Hands-on programming with R: Write your own functions and simulations.* Sebastopol: O'Reilly.（大橋真也監訳『RStudioではじめるRプログラミング入門』オライリージャパン，2015年）

Jockers, M. L. (2014). *Text analysis with R for students of literature.* New York: Springer.

Kincaid, J. P., Fishburne, R. P., Rogers, R. L., & Chissom, B. S. (1975). *Derivation of new readability formulas (Automated Readability Index, Fog Count and Flesch Reading Ease Formula) for navy enlisted personnel.* Millington: Naval Technical Training, U. S. Naval Air Station, Memphis, Tennessee.

Kline, R. B. (2004). *Beyond significance testing: Reforming data analysis methods in behavioral research.* Washington, D.C.: American Psychological Association.

Kobayashi, Y. (2016). Heat map with hierarchical clustering: Multivariate visualization method for corpus-based language studies. *NINJAL Research Papers, 11,* 25-36.

Leech, G., Rayson, P., & Wilson, A. (2001). *Word frequencies in written and spoken English: Based on the British National Corpus.* London: Longman.

Levshina, N. (2015). *How to do linguistics with R: Data exploration and statistical analysis.* Amsterdam: John Benjamins.

McCarthy, P. M., & Jarvis, S. (2010). MTLD, vocd-D, and HD-D: A validation study of sophisticated approaches to lexical diversity assessment. *Behaviour Research Methods, 42,* 381-392.

Mitchell, R, (2015). *Web scraping with Python: Collecting data from the modern Web.* Sebastopol: O'Reilly.（黒川利明訳『Python による Web スクレイピング』オライリージャパン，2016 年）

Paivio, A., Juille, J. C., & Madigan, S. (1968). Concreteness, imagery, and meaningfulness values for 925 nouns. *Journal of Experimental Psychology, 76*(1), 1-25.

Russell, M. A. (2013). *Mining the social web: Data mining Facebook, Twitter, Linkedin, Google+, Github, and more.* Sebastopol: O'Reilly.（長尾高弘訳『入門 ソーシャルデータ第 2 版—ソーシャルウェブのデータマイニング』オライリージャパン，2014 年）

Senter, R. J., & Smith, E. A. (1967). *Automated readability index.* Ohio: Wright-Patterson Air Force Base.

Vigen, T. (2015). *Spurious correlations.* New York: Hachette Books.

Wasserstein, R. L. (2016). The ASA's statement on *p*-values: Context, process, and purpose. *The American Statistician, 70*(2), 129-133.

Wickham, H. (2016). *ggplot2: Elegant graphics for data analysis.* Second edition. Dordrecht: Springer.

索　引

[A]

[B]

[C]

[D]

[N]

[O]

[P]

[R]

[S]

[T]

[U]

[V]

[W]

[X]

[あ]

[か]

[さ]

[た]

[な]

[は]

[ま]

〈著者略歴〉

小林雄一郎（こばやし　ゆういちろう）

東京都出身。博士（言語文化学）。関心領域は，コーパス言語学，テキストマイニング

2012 年 3 月　大阪大学大学院 言語文化研究科 言語文化専攻 修了
2012 年 4 月～ 2015 年 3 月　日本学術振興会（特別研究員（PD）（立命館大学））
2015 年 4 月～　東洋大学 社会学部 メディアコミュニケーション学科（助教）
2017 年 4 月～　日本大学 生産工学部 教養・基礎科学系（助教）

■主な共著書

『テキストマイニングによる言語研究』ひつじ書房、2014/12
『R ではじめるビジネス統計分析』翔泳社、2014/07
『R で学ぶ日本語テキストマイニング』ひつじ書房、2013/10
『英語学習者コーパス活用ハンドブック』大修館書店、2013/09
『英語教育学の実証的研究法入門 ―Excel で学ぶ統計処理』研究社、2012/08
『言語研究のための統計入門』くろしお出版、2010/12

R によるやさしいテキストマイニング

平成 29 年 2 月 15 日　第 1 版第 1 刷発行
平成 30 年 7 月 20 日　第 1 版第 3 刷発行

著　者　小林雄一郎
発 行 者　村 上 和 夫
発 行 所　株式会社 オ ー ム 社
郵便番号　101-8460
東京都千代田区神田錦町 3-1
電 話　03(3233)0641(代表)
URL　https://www.ohmsha.co.jp/

組版　チューリング　　印刷・製本　三美印刷
ISBN978-4-274-22023-4　Printed in Japan